建筑工程施工与项目管理

姚银娟　邓　军　宋炳涛 ◎主　编
张　智　钟　杰　王大帅 ◎副主编

化学工业出版社
·北京·

内容简介

本书全面介绍了建筑工程施工与项目管理的核心内容。书中详细阐述了施工组织、准备工作及各项施工技术，包括混凝土结构、砌体结构、装配式安装、防水及装饰装修工程等。同时，深入探讨了施工合同管理、造价管理、项目目标管理及施工安全管理等关键环节。

本书理论与实践并重，结合工程案例，注重解决实际问题，既可作为高等院校相关专业教材，也适合建筑行业技术人员、管理人员及备考执业资格者参考。

图书在版编目（CIP）数据

建筑工程施工与项目管理 / 姚银娟，邓军，宋炳涛主编. -- 北京 : 化学工业出版社，2025. 12. -- ISBN 978-7-122-49404-7

Ⅰ. TU7

中国国家版本馆CIP数据核字第2025L8N353号

责任编辑：杨　睿　吕梦瑶　　文字编辑：冯国庆
责任校对：李雨函　　装帧设计：王晓宇

出版发行：化学工业出版社
（北京市东城区青年湖南街 13 号　邮政编码 100011）
印　　装：北京天宇星印刷厂
710mm×1000mm　1/16　印张 10½　字数 199 千字
2026 年 1 月北京第 1 版第 1 次印刷

购书咨询：010-64518888　　售后服务：010-64518899
网　　址：http://www.cip.com.cn
凡购买本书，如有缺损质量问题，本社销售中心负责调换。

定　　价：78.00元

前言

PREFACE

建筑工程作为国家基础设施建设的核心支柱，其施工过程和项目管理水平直接关系到工程的质量、安全、进度与投资效益。当前，随着城市化进程的加快与建设领域技术的不断革新，建筑工程面临着更高质量标准、更严安全规范和更强管理效率的要求。如何有效整合施工技术与管理理念，系统提升工程项目的整体运作能力，已成为每一位建设管理者、工程技术人员及高等院校相关专业学生急需思考与掌握的关键课题。

本书正是在这样的时代背景下撰写而成的，力求以系统化的结构、实操性的内容和前沿性的理念，构建起一本兼具“技术深度”与“管理广度”的专业参考读物。全书共分为十章，内容涵盖从施工组织策划、结构工程技术、防水与装饰施工，到施工合同管理、造价控制、目标管控、安全管理乃至项目收尾的全过程，形成了从技术实务到项目管理的闭环体系。

本书在内容架构上，遵循从“基础理论”到“专业实践”再到“综合管理”的递进逻辑。开篇以建筑工程施工组织与准备工作为核心，构建项目管理的理论基础；继而聚焦于混凝土结构、砌体与装配式工程、防水、装饰装修等专项施工技术，系统阐述其工艺要点与质量控制方法；最后延伸至合同与造价管理、项目目标控制、施工安全及资源信息综合管理等维度，形成覆盖建设工程项目全生命周期的完整知识体系。

本书的一大特色是注重将工程实践与管理规范相结合，不仅详解了各施工环节的技术标准与操作流程，还融合了实际工程案例、质量通病防治措施与管理经验总结，使读者能从中获取可操作性极强的知识体系。同时，为体现作者团队的专业协作与各自研究特长，本书由三位具有不同工程背景与实务经验的作者共同撰写，分别承担不同章节的撰述，从而实现理论性、实践性与专业性的有机统一。

在建筑行业加速变革、精细化管理日益成为主流的今天，希望本书的出版，能够为广大从业者与学习者提供系统、前沿、务实的知识支持，助力建筑工程在质量提升、成本控制、安全保障与可持续发展方面迈上新台阶。

姚银娟　邓　军　宋炳涛

2025年10月

目录

CONTENTS

第一章

建筑工程施工综述

第一节　建筑工程施工组织概论

一、建筑工程施工组织的内涵与原则

（一）建筑工程施工组织的核心内涵

建筑工程施工组织的本质是用系统工程的理论和办法，把拟建工程整个建造过程科学地规划、协调和控制起来，目的是让资源得到最佳配置，效率做到最大。这并不是简单的施工计划编制或者施工方案拟定，而是更高层次、更宏观的战略设计，它关乎把设计图纸上的静态蓝图变成一个动态的、多维的建造实施系统，这个系统包含时间、空间、资源、技术、环境等诸多方面。建筑工程施工组织要解决的主要矛盾是在有限的资源约束（资金、人力、材料、机械、场地）和苛刻的工程目标（工期、质量、安全、成本）之间寻找一个动态的平衡点，甚至做到帕累托最优。这就要求组织者要有全局观，能预见可能产生的风险并加以规避，把抽象的设计想法变成具体、可操作且逻辑清晰的施工活动序列，使各项作业流程像精密机械的齿轮那样紧密咬合，准确衔接，推动整个工程项目航船稳步驶向目的地。

建筑工程施工组织的实践过程，是对建筑产品生产特殊性的一种深刻回应，不同于工厂流水线式的标准化生产，建筑产品具有单件性、固定性、体积大、生产周期长等显著特征，其生产活动受地理、气候、水文等自然条件和社会、经济、法规等人文环境的制约，这意味着每次建筑工程施工组织都必须进行量身定做的定制化创造，没有可以完全复制的模板。组织者要深入了解工程的地质勘察报告、结构设计图纸、材料性能要求，还要考虑项目所在地的政策法规、劳动力市场情况、供应链成熟度等外部环境因素，然后进行综合判断与决策。以在城市核心区做深基坑开挖为例，它的建筑工程施工组织既要顾及土方开挖和支护等技术手段，还要把周边建筑物沉降观测、交通疏导、夜间施工噪声管控、管线保护这些繁杂的外部约束条件纳入考虑范畴，这就形成一个立体交叉的组织网络。这种驾驭复杂、不确定性的能力，就是建筑工程施工组织存在的价值，它所要达到的是一种技术和实践相结合的能力。

从系统论角度看，建筑工程施工组织把整个建筑工程项目看作一个开放的、处于动态中的复杂系统，该系统的输入是各种生产要素，涉及文件、人员、设备、材料、资金以及技术信息等。而系统则是实现对上述要素加工、组合、装配的转化过程，输出则是满足一定功能和品质的建筑实体作品。建筑工程施工组织存在的价值，是建立一个优化的转化过程。即把建筑工程项目作为一个复杂的系统加以组织，让其内部各子系统，如技术管理子系统、进度管理子系统、质量管理子系统、安全生产子系统、成本管理子系统等协调配合、有序运行。一个优秀的建筑工程施工组织设计，应该能建立有效的负反馈机制，通过不断对计划和执行的比较、分析，使得系统即使受外界干扰，也能保持稳定，抵抗“熵增”，也就是防止系统从有序走向混乱。

（二）建筑工程施工组织的基本原则

经济性原则是一条贯穿建筑工程施工组织活动全过程的基本准则。它要求在保证工程质量和安全的前提下，依靠科学管理与技术革新，最大限度地节约人力、物力、财力等资源，力求用最少的代价取得最大的经济效益。经济性原则的实施，不是简单地压缩成本和偷工减料，而是价值工程的一种系统应用。在建筑工程施工组织设计阶段，就要对不同的施工方案进行技术经济比较，如在模板工程中，是采用传统的木模板、组合钢模板，还是采用技术上更先进但初期投资较大的大模板、滑模、爬模体系？这需要从周转次数、摊销成本、对主体结构施工速度影响、所需劳动力技能、数量及最后的混凝土成型质量出发做出一个全局的最佳方案选择。在施工中经济性表现为对资源的一种精细化管理，像用 BIM（建筑信息模型）技术进行深化，做到精确工程量计算、达到材料零库存或 JIT（准时生产方式）供应，避免二次搬运及仓库成本；像优化施工流程，减少各专业队伍之间互相等待的时间与空间，提升劳动生产率，缩短工期，节约大批间接费用。

连续性与均衡性原则是保证施工过程平稳和高速推进的关键。连续性主要指各施工过程在时间上连续进行，不出现停顿和窝工。就如同工业流水线一样，一个环节完成，下一个环节就马上开始，环环相扣。均衡性指整个施工周期中，各方面的资源，尤其是劳动力、机械设备等，投入量尽可能平稳，不能出现时而资源严重闲置、时而资源非常紧张的“波峰波谷”。为了达到这个目的，网络计划技术成为一种不可缺少的手段，把工程项目的流程合理地分解，明确各个工序之间的逻辑关系，再用“资源平衡”或者“资源优化”的办法，去调节那些非关键工作开始的时间，这样就能在保证总工期不变的情况下，把资源的需求曲线削平填高，从而既提升了资源的使用效率，又缩减了开支，还便于现场的组织安排，减少了因为调配资源不恰当而造成的混乱和矛盾，维持了施工的节奏。

质量与安全原则是建筑工程施工组织无法撼动的根基，是工程项目生存的命脉，没有质量与安全的建筑工程施工组织，再快的进度、再低的成本，最终都是徒劳甚至是灾难。所以，建筑工程施工组织设计中必须把质量保证体系和安全生产管理体系放在第一位。从组织上讲，要明确从项目经理到一线作业人员的各级质量与安全责任，形成“层层有人抓、人人有责任”的责任网络。从技术上讲，要针对工程的重点部位和危险性较大的分部分项工程（如高支模、深基坑、脚手架、大型设备安拆等），编制专门的施工方案，并组织专家论证，做到技术可行、措施可靠。在管理流程上，完善质量检查和验收制度（“三检制”），建立健全系统安全隐患排查治理机制，将质量、安全风险从事后处理转为事前预防和过程控制。比如，“上海浦东超高层Z塔项目”，其建筑工程施工组织就提前引入了基于BIM的质量安全集成管理平台，把设计模型里的质量要求、安全规范与施工进度、现场环境数据联系起来，做到对关键工序的虚拟预演和实时监控，一旦出现偏差，系统就会立刻发出警报，把事故隐患消除在萌芽状态。

二、建筑工程施工组织设计的类型及编制

（一）建筑工程施工组织总设计

建筑工程施工组织总设计是针对那些规模庞大、结构繁杂、包含很多相互联系的单位工程的建设项目群展开的一种战略性和纲领性的施工筹划。它编写的立足点在于站在整个建设项目的全局高度上，针对项目的整体建设目标、建设时长、资源调配、关键技术路径以及总的执行策略实施顶层规划。它所面对的也许并不是一栋单独的建筑物，而可能是大型的住宅小区、工业园区或城市综合体，甚至有可能是跨越不同地区的线性工程，因此，建筑工程施工组织总设计的主要任务就是统筹协调好“总体”和“局部”、“先行”和“后续”的关系。它要对项目群里面的所有单位工程的施工顺序做宏观排序，找出重要的控制性工程和“瓶颈”工程，然后以这些为依据来规划整个场区的总平面布局，包含主要临时设施（大型预制场、混凝土搅拌站、主要仓库）的选址，永久道路与临时交通网络的衔接，水、电、通信等临时管网系统的总体规划，它的深度和广度比单个建筑的范围大很多，就像在一个待开发的土地上展开一场精心规划的城市建设“战役”。

在内容构成方面，建筑工程施工组织总设计体现出宏观调控的特征，一般不会针对具体的分部分项工程的施工方法展开阐述，而是侧重一些确定性的原则和框架。它的主要内容涵盖：建设项目总体工程概况的分析，明确建设项目总的规模、总投资额、合同工期以及主要的制约因素；施工部署的总体原则，也就是确定采取平行施工、顺序施工还是流水施工，或者把这几种方式组合起来，以达到缩短总工期、平衡资源利用的目的；对重大或关键性的施工技术方案作出原则上的确定，比如，对于一个包含超高层建筑、大型地下空间和复杂裙楼的综合体项目来说，总设计要明确超高层核心筒的施工技术路线（是滑模还是爬模）、深大基坑的支护形式以及主体结构和机电安装、装饰装修工程总体穿插的策略；对整个建设过程所需资源的总计划，对劳动力、主要材料（钢材、水泥）、大型施工机械（塔式起重机群、混凝土输送泵）在整个建设周期内的总需求量进行估算，并制定相应的供应策略；有总体的项目管理架构和协调机制，以此来引导项目群内部各个参与方之间的协作。

建筑工程施工组织总设计的编制过程是博弈的过程，需要多方面协调优化，通常由项目的总承包方来负责编制，但这必须要与业主进行沟通协商，要同设计单位、监理单位以及各个比较重要的分包单位进行协商和谈判，而不仅仅由自己决定。除了遵循国家以及地方的相关法律、法规、技术性规范和设计文件之外，还要深入理解业主的商业目标以及整个项目的投资回收时间，因为这些商业层面的要求会对施工的部署产生制约作用。比如某个商业综合体，如果企业主希望投资收益最大的零售区能够率先完成交付并投入使用，那么建筑工程施工组织总设计就必须围绕这样的商业目标来安排施工顺序，调整资源分配的倾斜方向。编制的时候要用到运筹学、系统工程等学科的方法，把各种不一样的施工安排方案模拟出来，再加以分析比较。现代 BIM 技术出现以后，用整个项目群的 4D-BIM（时间）或 5D-BIM（成本）模型去直观地模拟不同的施工先后顺序对工期、物流和成本产生的影响，这样就能找到一个技术上可行、经济上划算、商业上有意义的“最优点”。

建筑工程施工组织总设计的指导作用贯穿项目的整个生命周期。一经批准，就成为指导后续各单位工程施工组织设计编制的“宪法”，所有单位工程的施工计划都要在其划定的框架内进行细化，不能与其发生冲突，它是项目总进度、总资源、总费用控制的根。项目管理团队会根据总设计里确定的里程碑节点来监督整个项目的进展，并以此为基准去协调各参建单位的工作。就像所有的战略规划一样，建筑工程施工组织总设计也不是一成不变的。在漫长而艰难的项目建设过程中，常常会遇到国家宏观政策的变化、市场环境的突变、重大设计变更等情况，这就需要对总设计进行适时的、慎重的调整和修改，使总设计始终保持指导项目实践的现实意义。这种在宏观稳定和微观变化之间保持平衡的艺术，就是建筑工程施工组织总设计管理的艺术，它保证着这个庞大的建设“舰队”即使在复杂的环境中也能沿着正确的航向前进。

（二）单位工程施工组织设计

单位工程施工组织设计是建筑工程施工组织体系中承上启下的环节，也是使用最多、最广泛的类型。它是针对一个独立的、可以单独组织施工、具有独立使用功能的建筑物或构筑物（一栋住宅楼、一座桥、一个车间厂房）而言的，在前面施工组织总体框架的基础上，对一个单位工程从开工到竣工的整个过程做出详细而具体的规划和安排，其性质是战术性的，是指导现场施工的直接性技术与管理文件。如果说施工组织总设计回答的是先建什么、后建什么的宏观顺序问题，那么单位工程施工组织设计回答的就是这栋楼到底要怎么建等一系列具体问题。它必须把设计图纸要求、规范标准、合同条款和现场实际条件结合起来，制定出一套系统、完整、经济、合理、切实可行的方案，使其成为编制分部分项施工方案和作业指导书的直接依据。

单位工程施工组织编制内容细致而具体，形成了一套完整的施工指导体系。通常来说，一份优质的单位工程施工组织设计包含以下这些关键的部分：第一是工程概述及施工重点分析，仔细剖析工程的建筑、结构、功能特征，找出施工过程的重点、难点以及关键之处；第二是施工安排与准备工作计划，制定施工队伍的组成框架，劳动力和机械设备的运用计划，材料的购买与进场计划，施工现场的平面布局，包含临时道路、水电管网、材料堆放处、加工设施、办公区和居住区的确切方位；第三是核心的施工规划和技术手段，这部分需要就地基的主体结构、装修装潢、机电安装等主要的分部分项工程，拟定具体的施工方法、工艺步骤、技术规范以及质量达标标准。对于技术复杂或者危险性较大的环节，还要单独编制一份专项方案。施工进度计划是它的骨架，一般用横道图或者网络图来表示，从而清楚地显示各个工序的开工时间、结束时间以及它们之间的逻辑联系，还必须有一套完整的保证措施，也就是质量保证措施、安全生产措施、文明施工措施、环境保护措施、成本控制措施、季节性施工措施等，形成一个全面的管理保障体系。单位工程施工组织设计的编制是技术决策过程，是编制者的技术水平和经验的反映，一般在工程开工前由施工单位的技术负责人主持编制。编制的起点是设计文件和现场情况的调查，编制者必须对设计图纸和说明逐字逐句地加以研究，领会设计意图，而且要到现场了解地形地貌、周围环境、交通条件、水电供应等情况。进行技术经济比较，如主体结构施工，是用传统的散装、支模、绑筋、浇筑方法，还是用预制装配式的方法？不同的选择会有完全不同的资源配置、工期安排和质量控制要点，编制者要凭借自己的知识积累，联系工程实例数据，进行定性与定量相结合的分析，最后选定最优方案。在这个流程里，编制者与设计人员、监理、业主等进行交流非常关键，通过图纸会审、技术交底之类的活动，把疑惑之处弄清楚，达成一致看法，从而保证施工组织设计能够符合各方的要求，做到可操作。

单位工程施工组织设计被批准之后就具备了指令性文件的效力，项目的全部施工活动都要按照它的规定来执行。它是施工单位内部组织生产和调配资源的依据，也是项目经理向下属施工队布置任务和实施考核的标准，还是监理工程师执行施工过程监督、检查工程质量及进度的参照。不过前面已经说过，施工过程存在着诸多变数，所以在项目实施期间，一定要对施工组织设计的执行情况持续展开跟踪检查。一旦察觉到实际情况与原计划存在较大的偏离情况，或者出现设计变更、外部条件改变之类的状况时，务必按照规定程序及时对原有的施工组织设计进行修改和补充，然后重新进行审批手续的操作。这种动态管理的思想，使施工组织设计可以一直保持有效的指导意义，而不是沦为束之高阁的一纸空文，从而切实地发挥它作为项目成功执行“导航图”的重要作用。

第二节　建筑工程施工准备工作概述

一、建筑工程施工准备工作的构成与控制

（一）施工准备工作的构成体系

施工准备工作是连接工程项目决策阶段与全面施工阶段的桥梁，是保证工程顺利开工，高效、有序进行的基础工程。它不是单纯的一个环节，而是由技术准备、物资准备、劳动力准备、现场准备、对外联系等子系统组成的一个复杂的系统，工作的深浅和宽窄直接影响到后面的施工质量、进度、安全、成本。施工准备工作就是把施工组织设计这个蓝图里的各项计划变为具体化、实体化的过程，为接下来大规模的现场工作扫清一切障碍，创造所有条件。

技术准备是整个施工准备工作的龙头和核心，它为项目实施提供“软件”支撑和行为指引。首要任务是对设计图纸展开细致的审查，不只是为了熟悉设计意图，还要从施工可行性的角度，积极找出图纸里可能存在的错、漏、碰、缺问题，以及不同专业之间的矛盾冲突，然后与设计单位交流协调，把这些问题提前解决在“纸”上，接着按照经过会审过的图纸和被认可的施工组织设计，制定出更加详细的且具备指导意义的施工方案和作业指导书。测量放线工作也是技术准备的一部分，要构建起全场范围内的高精度施工控制网，把建筑物的轴线和标高精准地投射到实地，从而为后面的土方挖掘与基础建造提供准确的空间参照。还要做必要的材料和构配件的试验及检验，对施工队伍进行技术培训，这些都是保证工程质量符合设计和规范要求的保障。

物资准备是项目正常进行的基础，包括工程所需要的全部材料、构配件、半成品及施工机械设备的筹措和供应。其开始就是根据施工图预算和施工进度计划，制订详细的物资需求计划，确定各类物资的规格、数量、技术标准及进场时间，然后按计划采购、加工、租赁。针对钢筋、水泥、商品混凝土等重要材料，要对供应商进行严格的选择，签订供应合同，保证质量可靠，供应及时。对模板、脚手架等周转材料，计算出需要的数量和周转次数，落实来源。施工机械的准备，要按照施工方案的需求来确定所需的机械种类、数量，然后通过自有、租赁或者购买等途径加以解决，还要对机械进行检查、维修和保养，确保其处于良好的技术状态。而物资准备的最终目的则是达到“在需要的时候，把质量合格、数量正确，不多不少的物资，送到指定的作业地点”，防止因为缺少材料而停工，或者因为存储过多而造成资金被占用以及场地拥挤。

现场准备和外部协调是给工程实体建造搭“舞台”，为其创造一个良好的外部环境。“三通一平”或“五通一平”，就是现场准备，即现场施工的用水、用电、道路、

通信和场地的平整。要规划好临时的供水、供电管网，修好能满足重型车辆通行的临时道路，建立施工现场的通信网，对原始地貌进行平整、压实，使之能适应施工机械运行和材料堆放。还要按施工平面图设计，建起一系列的临时房屋，如办公室、宿舍、食堂、仓库、加工棚、实验室等，给施工人员创造必要的工作和生活环境，为施工生产提供后勤服务。外部协调主要是和项目有关的政府主管部门（规划、建设、环保、交通等），市政公用事业单位（供水、供电、燃气、通信等），周边社区、单位的沟通，要办理施工许可证、夜间施工许可、临时占用道路等一系列行政审批手续，还要协调好管线的迁改与保护，妥善处理好施工可能造成的噪声、粉尘、交通等问题，营造一个和谐的建设氛围。

（二）施工准备工作的计划与控制

施工准备工作计划属于整个准备阶段活动的纲领性文件，它的编制质量直接影响到准备工作的效率与效果，该计划往往被当作单位工程施工组织设计的重要组成部分，它会把那些复杂又繁杂的准备工作分解成一系列具体且可管理的任务，并对每个任务的负责人、完成时间、所需资源以及质量标准作出明确的规定。编制施工准备工作计划，首先要对所有工作进行分解，把从拿到图纸到正式开工这段时间里要完成的所有工作事项都要列入到清单中。接下来要确定各项工作的逻辑关系和先后顺序，比如场地清表平整完之后才能开始施工测量放线，临时水源和电源接通了之后才能启动混凝土搅拌站，按照这种逻辑关系，可以采用横道图或者网络图的方式，把所有的工作在时间线上排个队，形成一个看得见、摸得着的计划。

对施工准备工作计划的控制，是一个动态的、持续跟进的过程。计划一旦制订，项目管理者就必须要建立起有效的监控机制，保证各项工作能按预定时间点和质量标准完成。一般要建立定期的准备工作协调会议制度，如每日的站会或者每周的专题会，让所有的相关负责人汇报自己任务的进展状况，如遇到的难题以及必要的协调帮助，这样管理者就能随时了解全局动态，察觉潜藏的延误危险。对于那些重要的准备工作，如拿到施工许可证、选定主要材料供应商、大型设备入场等事情，要当作重点监控对象，着重跟踪。现代的项目管理软件和协同办公平台，为这种动态控制提供了极大的便利，可以将准备工作的计划录入系统，随时更新各项工作的状态，系统会自动把那些已经落后或者有落后风险的工作标出来，用颜色预警等方式提醒管理者注意，这样就把控制工作从被动解决问题变成了主动防止问题发生。

资源调配与优化属于施工准备工作计划控制的关键部分，准备阶段常常是项目资金和人力比较紧张的时期，怎样把有限的资源恰当分配到诸多并行的工作中，这是管理者所要解决的一大难题。因此，管理者在制订计划的时候，就要预估各项工作所需的资金、人力、设备等资源，并把这些资源汇总起来形成资源需求曲线，一旦察觉某个时间段出现了资源需求的“尖峰”，超出了项目的供应能力，便要对计划进行调整和改良。可以改变某些非关键准备工作的开始时间，使它们错开资源高峰期，做到“削峰填谷”，使资源需求变得平缓些。实施计划的过程中，更要对资源的实际使用情况严格地进行监督和管理，尤其是对资金的使用，要制订出准备阶段的资金使用计划，严格控制各项费用的开支，每一笔钱都要花在刀刃上。

施工准备工作的完成不是以“开工令”下达为终结，而是以一系列明确的、可以量化的标准来衡量。项目管理者应在计划中设定“完成”的标志，并建立检查和验收制度。比如，技术准备的完成标志是图纸会审纪要签发、重要施工方案批准、主要技术交底完成；现场准备的完成标志是临时设施验收合格、临时水电正常供应、施工控制网复核无误；物资准备的完成标志是主要材料供应合同是否签订、第一批材料是否及时运到工地并经检验合格。只有当所有的准备工作都达到合格的标准，并且经过项目经理和总监理工程师共同检查确认之后，才可以认为施工准备工作已经结束，项目具备了全面开工的条件。这种按照标准进行的、严格的检查验收过程，是避免因为准备不足而匆忙开工，在以后的施工中留下隐患的重要保障，体现出工程管理的严谨性。

二、建筑工程施工现场准备的规划与实施

（一）施工总平面图的设计原则

施工总平面图是施工组织设计在空间上的具体体现，是把抽象的施工部署变成具体的场地布置的技术文件，设计的科学性与合理性是保证现场作业高效、安全、有序进行的空间基础，它不是对建筑总图的简单复制，而是根据施工流程与资源配置需求的一次再创造，设计的首要原则是科学规划与紧凑布局，在有限的施工场地上，拟建建筑物、各种临时设施、材料堆场、加工场地、运输道路等都要容纳进去，每一寸土地都得精打细算。紧凑布局是为了缩短场内物料的运输距离，减少二次搬运，提高空间利用率，但是紧凑又不能影响施工操作，不能牺牲安全间距。这就要求设计者要有系统思维，把整个施工现场看作一个相互关联的有机整体，各个功能区域的布置要达到一种动态的、高效的平衡状态，不能因为布局不合理而造成物流拥堵、作业冲突。

运输距离最小化原则是提升现场物流效率、削减成本的关键，施工现场本质上是个物料的集散与加工中心，众多的建筑材料、半成品以及构配件要在场内做水平和垂直方向的运输。施工总平面图的设计一定要围绕怎样改善这个物流网络展开，那些大宗材料（钢筋、模板）的堆场和加工场，应尽可能安排在相应结构施工区域附近，而且要处在塔式起重机的回转半径范围之内，做到“最短路径”供应。混凝土搅拌站或者泵车停靠的位置要能方便地到达最远的浇筑点，施工道路规划成环路，避免“断头路”造成车辆掉头难、交通拥堵，这种对物流动线的精心安排，会大大

降低运输机械的台班消耗和无效劳动，它累积起来的经济效益在整个项目周期。

安全保障和环境保护原则是施工总平面图设计不可逾越的红线，一个好的平面布局必须包含一套完整的安全和环境保护体系。在安全上要规划出人车分流的交通体系，要设置人行道，防止人车混行造成安全隐患，消防通道的宽度和通畅必须得到保证，消防栓、灭火器等消防设施要合理布置。对危险品仓库、乙炔瓶库等重大危险源必须按照规范要求，设置在远离办公区、生活区和主要作业区的独立安全区域，并设置相应标志。环境保护方面，总平面图要显示施工现场的出入口、车辆冲洗平台、沉淀池、垃圾分类堆放点等设施的位置，混凝土搅拌站、木工棚等容易产生粉尘和噪声的设施，应该安排在场地的下风处，尽量离周围的敏感建筑远一些，利用空间上的间隔，争取把施工对环境的影响降到最低。

动态适应分阶段调整原则是对施工过程长期性特征的深切洞察，施工现场的布局并不是固化的、固定的，从基础工程施工到主体工程施工，再到装饰装修施工，直至最后收尾，各个施工阶段对场地的需求都处在变化的过程中。就像基础施工阶段，此时场地主要被土方、基坑、大型桩基设备占据；而当进入主体结构施工阶段，场地则变成了以塔吊、加工场、材料堆场等为主；等到后期装饰装修时，又不得不给大量的成品、半成品“找地方”堆放，这都是不同施工阶段所需要解决的问题。所以施工总平面图的设计要具备前瞻性，要编制不同施工阶段的平面布置图，规划的时候就要考虑到临时设施的“寿命”，哪些是贯穿始终的，哪些是阶段性的，还要给后续设施的搭建或者拆除留出空间和通道。现代 BIM 技术的应用，使这种动态的、四维的场地规划与模拟变得可行，可以帮助管理者更直观地预见不同阶段的场地状况，做出更科学的动态调整决策。

（二）临时设施的规划与搭设

临时设施是保证建筑工程施工正常进行所必须搭建的各类临时性生产、办公和生活用房的总称，规划搭设临时设施属于施工现场准备工作的主要内容，涉及生产效益、管理效能、工人生活等要素。要确保临时设施规划具备系统性和超前性，按照工程的总体规模、合同期限、最高阶段人数和现场自然条件来进行估算并合理安排临时设施。临时设施常被归纳成三类：第一类是生产设施，其中包括混凝土搅拌站，钢筋以及木工加工棚，预制件堆放区等；第二类是管理、办公类设施，这类涵盖项目部办公处所、会议室，监理方办公室、资料存储室，实验室等；第三类则是关乎工人生活的相关设施，包含宿舍、伙食供应区、浴室、公厕、娱乐活动室等。规划的时候要考虑到这些设施的功能需求和彼此的关系，还要联系施工的总平面图来安排选址，做到功能区分清楚，既方便生产管理又保证生活质量，不要互相影响。

生产性临时设施的规划与搭设要以保障施工效率和产品质量为首要目的，这些设施是现场的“加工车间”，其布局与内部设置会影响生产效能。钢筋加工棚的位置要靠近钢筋原材料堆场，方便加工好的成品被运送到吊装区域，棚内应划分下料区、调直区、弯曲成形区以及绑扎区，形成一条顺畅的生产线。对于木工加工棚，需顾及防火安全，远离明火作业区，并且配备相应的除尘设备。对于现场设置混凝土搅拌站的大型项目，其选址要兼顾原材料（砂、石、水泥）的进场路线、水的供给以及对周边环境的噪声、粉尘影响，所有生产设施的结构搭设都应符合安全规范，尤其是基础承载力和结构稳定性，保证在承受设备荷载及大风等外部环境作用下的安全可靠，从而为高质量的现场预制和加工奠定良好的硬件基础。

行政管理与生活服务类临时设施的规划，体现出项目管理的人本化、标准化水平。项目办公室是现场的“指挥中心”，它的选址要方便观察和管理整个施工现场，还要安静。生活区的规划直接关系到数以百计甚至上千名建设者的身心健康和劳动积极性。宿舍搭设要符合通风、采光、消防等基本要求，不能用易燃材料，还要控制好居住密度。对于食堂，要拿到卫生许可，饮食要干净卫生，浴室和卫生间要足够多又方便，而且要天天打扫，做好消毒工作，在满足基本要求之后，如果盖起标准的“工人生活区”，配备阅览室、电视房、篮球场之类的文体设施，就能让工人们的业余生活丰富起来，增强他们的归属感和团队精神，这种关心劳动者的行为，最后会变成更高的生产效率和工程质量。

临时设施搭设与管理是贯穿项目始终的一个动态过程，必须要严格执行国家与地方有关安全、消防、卫生、环保等各项规定，搭设前要制定相应的搭设方案，尤其像两层以上的临时板房还要做结构验算等工作。施工过程中必须要保证用电安全，线路布置规范，不得存在乱拉乱接的现象，消防设施一定要落实到位，消防通道也要始终保持畅通无阻。要建立完备的管理制度，把各个设施的责任落实到人，定时执行安全和卫生方面的检查，把各种隐患消灭掉。当临时设施完成了它应有的历史任务之后，拆除这些设施并且对场地进行恢复也应当列入项目管理规划之中，有计划地拆解、妥善处置废料以及场地的生态恢复，既是合同的要求，也是施工企业的社会责任，这样才给整个项目画上一个负责任的句号。

第三节　技术资料、施工现场与前期准备

一、技术资料准备的深度与广度

（一）设计文件的审查与消化

设计文件是建筑工程施工的根本依据，对设计文件进行细致的审查与消化，是技术准备工作中首要的环节，其优劣直接影响到工程能否顺利开展。设计文字的审查与消化绝不是单纯地接受图纸这么简单，而是要站在施工者的角度，带着批判与建设的态度，对设计文件进行全方位、立体化的审查与勘验。审查的范围应当包括

项目涉及的所有专业图纸，如建筑结构、给排水、暖通、电气、智能化、景观等，以及所有设计说明、计算书、标准图引注和相关的地质勘察报告。审查的时候，务必重视不同专业图纸之间的“接口”与“协同”，许多施工问题就发生于专业之间的“三不管”地带，建筑图上的一个装饰造型，结构图上有没有可靠的预埋件和支撑体系？电气图上的一个大配电箱，尺寸和位置会不会与暖通图上的风管，给排水图上的管道产生空间上的“打架”？这些潜在的矛盾，都要在图纸审查阶段揪出来。

对于审查的深度，要求审查人员从“可施工性”的角度，对设计的每一个细节进行推敲，审查人员必须具有丰富的现场经验和深厚的专业知识。审查的内容包括：设计的构造是否合理，是否方便施工操作和保证质量？设计所用的材料是否经济、适用，当地市场是否容易采购？一些新颖但不成熟的新材料、新工艺，会给施工带来巨大的技术风险和成本压力。设计所标注的尺寸、标高是否有矛盾或错误，图纸表达是否清晰明确，有无含糊之处，是否符合制图标准，审查中发现的任何疑问、错误或不合理之处，都应以书面形式记录下来，形成详细的“图纸会审问题清单”。组织由建设、设计、监理、施工四方参加的正式图纸会审会议，逐条讨论澄清，最终形成具有法律效力的“图纸会审纪要”，作为对原设计文件的补充修正，成为指导施工的正式依据。

消化设计文件的过程就是把二维的图纸信息在施工组织者脑子里，变成一个三维的、动态的建造预演过程，这就要求技术人员，不仅要“看”图，更要“读”图、“想”图。拿到一套图纸以后，先通读设计总说明，了解工程的大致情况与设计理念，采用的主要技术标准和新材料、新工艺，按照“先建筑，后结构，再设备”的顺序，仔细阅读各个专业的图纸，形成对建筑物的空间形态、结构体系和功能布局的整体概念。在这个过程中，既要动脑又要动手，可以借助彩色笔在图纸上把一些重点内容标注出来，如不同的结构构件、复杂的节点、重要的标高等，把那些乱糟糟的信息进行归纳整理。更进一步的消化就是试图在脑子里“虚拟建造”一次，想象自己从基础挖开，然后做结构，再装设备，再进行装修，每一步都要想好，这一系列步骤里会遇到什么样的技术问题，需要用什么样的施工手段，要准备多少资源，这个过程就是构思施工组织设计的主要内容。

现代工程中，BIM 技术的应用把对设计文件的审查和消化提升到新的高度，将各专业的二维图纸变成三维模型，审查方式从人工的平面、容易忽略的方式变成计算机辅助的立体、自动的方式。基于 BIM 软件的碰撞检查，能有效、全面地发现硬碰撞（如管道穿梁）、软碰撞（如设备安装或检修空间不够）等碰撞问题，它的准确率和效率是人工审图无法比拟的。基于 BIM 的可视化交底，能使施工人员更直观地了解复杂节点的设计意图和施工要求，沟通效率和施工质量都大大提升。更重要的是，BIM 作为一个信息集成的平台，可以让设计文件的消化不再只是施工单位的独角戏，可以成为多方参与的过程。设计、施工、监理等各方都可以在一个模型平台上，对设计方案进行即时的讨论、修改和优化，真正做到设计精细、施工精益，从源头上保证工程项目的成功。

（二）施工方案的编制与审批

施工方案的编制属于技术准备工作中承前启后的关键一环，它会把施工组织设计里原则性的、纲领性的要求，转化为具体的、可以操作的现场作业指令，这项工作最重要的地方在于，对于某些特定的、技术比较复杂或者危险程度较高的分部分项工程，要给出一套具有科学性、安全性、经济性和可行性的“最优解法”。想要编出一份好的施工方案，事先有一个系统性的准备过程是必不可少的，编制人员应仔细琢磨那些和这个方案有关的设计图纸、技术规范、标准图集以及地质勘察报告之类的资料，做到对技术方面的要求烂熟于心。同时，要对施工现场的实际情况，如场地环境、水电供应、道路交通、可利用的机械与设备等进行调查研究分析，还要向有类似工程经验的人请教，吸取他们的经验和失败的教训。只有对“理论依据”和“实际条件”都有了充分的认识之后，才能构思起草方案。

施工方案的内容要详略得当、重点突出，要有很强逻辑性和指导性，它的结构常常依照一个标准框架，这样可以保证信息完整又清楚。开头部分要对所针对的工程做概括，讲清它的范围、特点和施工目的，主体部分是方案的重点，要讲清楚选定的施工方法、工艺流程、操作要点和技术手段，一定要具体、量化，不能模糊、笼统。以混凝土浇筑为例，只说浇筑方式是泵送还是塔吊是不行的，还要讲清楚浇筑的先后次序、分层厚度、振捣的要求、测温、养护的详细办法。方案里一定要包含详细的资源配置计划，清楚需要的人、机、料的型号、规格和数量，最为重要的是要有专门章节介绍质量保证措施和安全技术措施。质量保证措施要细致到每个控制点和检查验收标准，安全技术措施一定要针对该项施工的主要风险源，制定出切实可行的防护办法和应急处理预案。必要的计算书和施工图纸，像模板支撑的承载力计算、脚手架的搭设详图等，最好做成附件附于后面，以加强方案的科学性。

施工方案的审批是个严肃而严谨的过程，它是保证方案质量、防范风险的一道屏障，根据工程的规模和复杂程度，方案的审批层级会有所差别。一般情况下，施工方案由施工单位的项目技术负责人组织内部的专业工程师来审核，然后由项目总工程师批准。不过，对于国家建设行政主管部门所界定的“危险性较大的分部分项工程”，其专项施工方案要接受更为严格的审批流程。施工单位在完成内部审批之后，还要把方案报送总监理工程师审查。审查通过以后，针对那些规模较大的危大工程，还必须由建设单位牵头，召集行业内资深专家组建专家组，专门对方案展开论证。专家们对方案的计算对不对、构造合不合理、措施够不够、应急准备全不全等方面进行全面的“会诊把脉”，提出具体修改意见。只有得到专家组的论证同意之后，这份专项方案才能真正付诸实施。

施工方案的价值最终要落实到它的执行有效性上，所以方案被批准以后的技术交底十分关键，项目技术负责人或者方案制定者，一定要亲自给所有参与到这项施工的管理人员、班组长甚至一线操作工人都做全面而细致的交底，既要讲清楚“怎么做”，也要讲清楚“为什么要这么做”和不这么做会有什么危险。可以采用模型、视频、PPT 等方式，使交底内容更生动、更直观，保证信息准确无误地传达到每一个人。在施工的时候，现场的工程师和安全员要全程监督并检查方案的执行情况，杜绝出现不按照方案施工的违章现象。同时，对于方案中预设的各项监控措施也要严格执行并做好记录，方案的执行不是一成不变的，当现场出现新的情况与预设条件不符时，要立刻反馈，按照程序对方案作出相应的调整和改进，这样才能形成“精心编制、严格审批、彻底交底、过程监督、动态调整”的闭环。

二、建筑工程施工现场准备的深化管理

（一）场地平整与障碍物清理

场地平整与障碍物清理属于施工准备中最基本的物理活动，它是后续所有工程实体精准定位并有效建造的前提条件，是一项“白纸”工作。其本质就是按照设计需求，利用挖、填、运、压等土方操作，把自然状态下高低不平且布满各种地表和地下障碍的原场地，变成符合施工标准、有预定标高和坡度的平坦工作面。其涵盖范围不只是建筑物基槽本身，还包括临时道路、材料堆放区域、加工场地以及临时设施所必需的所有用地。这项工作的好坏，直接关系到施工测量的精确性、机械设备的运作效果、场内交通的顺畅程度和排水系统的有效性，它是整个现场管理工作的物理存在和空间前提，其重要性不可轻视。

在开展场地平整工作之前，周全的技术勘察和方案设计是保证作业科学、高效的先决条件，一定要按照建设单位移交的原始地形图和工程地质勘察报告，安排技术人员对现场展开详尽的踏勘和复测，弄清楚地形地貌状况，查明场地内部是否存在旧有建筑基础，防空洞、坟墓以及各种地下管线之类的障碍物。凭借这些一手资料，再依照设计总平面图所指定的场地设计标高，利用土方计算原理，准确算出场地的挖方量、填方量以及借方或者弃方量，进而制定出经济可行的土方平衡和调配方案。方案中要明确土方开挖的先后顺序、边坡的放坡系数或者支护形式、填方土料的来源和质量标准，以及选用何种压实机械和确定怎样的压实参数。

障碍物的清理，尤其是地下障碍物的处理，是场地准备过程中风险最高、不确定因素最多的环节。对于地面上原有的建筑物、构筑物，要编制专门的拆除方案，确定拆除的顺序、方式（人工拆除、机械拆除、爆破拆除），并采取具体的安全、环保措施，如设立警戒区、粉尘控制、拆除下来的建筑垃圾分类处置、合理处置等。而地下隐藏的障碍物则更难处理。在正式开挖前，要利用地质雷达做细致的探测工作，

尽量弄清楚它们的位置、材质以及埋藏深度，清理的时候务必与有关的产权单位，如电力、通信、燃气、给排水之类的单位密切联络，在它们的监督之下展开工作，防止出现误挖、误碰，从而危及社会公共安全的情况。对于那些尚未探明的障碍物，要立即停止作业，向各方通报情况，大家商量好之后再继续施工，千万不要鲁莽行事。

场地平整作业的质量控制是保证后续工程质量的基础，对于填方区域，必须严格控制回填土料质量，清除其中的有机杂质和超尺寸硬块，采用分层铺填、分层压实的方法进行施工，每一层铺土厚度、压实遍数以及最优含水率的控制都要严格按照试验数据及规范要求，压实完毕后必须采取环刀法取样或者灌砂法等方式对压实土的干密度进行检测，也就是“压实系数”检验，只有当检测结果符合设计要求的密实度标准时才能继续进行上一层的填筑。挖方区域要注意基底土的保护，不能超挖也不能扰动，全部平整结束之后要做最后的验收测量，看场地平整程度、标高和坡度是否达到设计标准，还要留下完整的验收记录。

（二）施工环境保护与文明施工

把环境保护和文明施工的理念及举措纳入施工准备的全过程中，这是现代建筑工程管理区别于传统建造模式的重要标志之一，体现了企业社会责任感与可持续发展意识，这不再只是项目启动之后的被动应付，而是要变成项目策划及场地准备阶段的一项前置性、系统性的顶层规划。在项目策划之初就要制定专门的《施工期环境保护与文明施工方案》，把环保目标（例如扬尘管控、噪声上限、废水排放标准、固废回收率等）逐层分解，还要把它们与成本、进度、质量、安全目标放到同等重要的位置。做施工总平面图设计的时候，一定要把环保设施，比如车辆冲洗平台、沉淀池、垃圾站、喷淋降尘系统等布局当作一种硬性约束条件来考虑，从源头上为绿色施工留下空间条件，把环保理念融入项目基因中，这是从根本上做到建造过程与环境和谐共存的前提条件。

扬尘、噪声是施工现场对周边环境最直接、最敏感的两大因素，对其进行有效控制是文明施工的关键，在场地准备阶段就要构筑起立体扬尘防治体系，场地四周要设置连续、密闭的硬质围挡，根据需要加装自动喷淋装置。工地主出入口必须设置高标准车辆冲洗设施，确保所有驶出工地的车辆轮胎和车身干净，严禁带泥上路。大面积裸露土方，非作业时段必须用密目网覆盖或者临时绿化。噪声控制要从准备阶段开始，针对所有进场机械的噪声水平展开检测，优先选取低噪声设备，妥善安排高噪声作业（破桩头、切割作业）的时间，遵守地方政府有关夜间施工的规定。在场地边界，尤其是接近居民区一侧，可以搭建临时隔声屏障。通过多种举措，最大限度削减施工活动对周围声环境的干扰。

水污染防治和固体废弃物管理属于衡量施工现场环境管理水平的又一标尺。在现场准备环节，要规划并建立一套完备的临时排水及废水处理体系，施工区域与生活区域的排水系统要分开设置，雨水与污水需要分流，全部施工废水，包含车辆冲洗水、混凝土养护水、基坑降水等，在排放之前，一定要至少通过三级沉淀池的处理，去除其中的悬浮物，保证水质符合标准。至于固体废弃物，则需在场内创建起标准化的、分类明确的垃圾收集站。要对施工人员开展垃圾分类的培训与交底工作，在施工的初期就把钢筋头、废模板、包装物、生活垃圾等进行分类堆放，要与有资质的回收单位或者清运单位签订协议，做到建筑垃圾的减量化、资源化、无害化处理。这种精细化的废弃物管理，既保护了环境，又可以创造一定的经济价值。

文明施工远非只是环境保护这么简单，它还是一种彰显企业形象、尊重劳动者、营造和谐社区关系的管理文化。在场地准备期间就应当按照标准化的要求，统一安排并设置现场的各种安全警示标识、宣传标语和公告栏，还有“五牌一图”，即工程概况牌、管理人员名单及监督电话牌、消防保卫牌、安全生产牌、文明施工牌和施工现场总平面图，为工人营造出整洁、卫生、安全的生活和工作环境，比如符合标准的宿舍、食堂，设立茶水亭、吸烟区，供应足够的劳动保护用品等都是文明施工、以人为本的具体表现。积极主动地和周围的社区做好联系，定期向他们通报工程的进展情况，及时处理居民的投诉，甚至还可以开展一些社区共建活动，把工地变成一个管理有序、环境整洁、邻里和睦的“样板工地”，这样的努力会给企业赢得很好的社会声誉，这笔无形资产，有时候比工程本身的价值还要大得多。

第二章

混凝土结构工程的施工与管理

第一节　模板工程设计与施工

一、模板体系的选型与优化设计

（一）传统模板体系的适用性及其局限性

木模板体系是一种历史悠久的施工技术，它至今仍然被广泛使用，这主要是因为木材具有某些独特的属性，而且对于施工环境有着很强的适应能力。木材比较轻便，又容易被加工，所以制作和安装模板的时候可以灵活应对各种复杂的结构形态，特别在遇到那些异形柱、弧形墙，或者小批量、非标准件之类的构件时，它的优点就表现得更为明显。施工现场的工人按照设计图纸的要求，可以很轻松地进行切割、拼接和组装，不需要借助大型的专业设备，这样就既减少了对施工设备的需求，又让木模板在一些交通不太便利或者场地较小的项目中成为一种既经济可行的选择。同时，木材的热导率比较低，在冬天或者昼夜温差很大的环境里浇筑混凝土，木材能起到保温的作用，所以在特定的气候条件下能保证施工质量。这种对形状复杂的适应能力，对施工条件要求低的特点，使得木模板在现代建筑里，特别是在修缮、改造以及某些特定的新项目上仍然占据着不可替代的位置。不过，木模板体的不足之处也随着工程技术的进步和社会环保意识的加强而逐渐暴露出来，最突出的短板就是资源耗费和环境影响。大规模采用木材会造成森林资源的过度开发，这与可持续发展的理念相悖。木材属于天然材料，其物理特性很大程度上取决于环境湿度，容易出现翘曲、变形等情况，这对混凝土构件的成型准确度和表面质量有着直接的影响。木模板的周转次数往往比较低，一般也就几次，之后就因为磨损、变形或者沾染了混凝土浆体而无法再用，这样就造成了大量的材料浪费。从综合经济效益来看，在多次重复使用的标准层结构当中，木模板远远比不上其他种类的模板。而且木模板的防火性能不好，在施工现场有比较大的火灾隐患，要采取额外的消防措施，增加了管理费用。施工的时候，模板拼缝的地方如果处理不好，就很容易漏浆，不但影响混凝土的外表品质，而且可能造成构件出现蜂窝、麻面之类的问题，给结构的安全性和持久性带来危险。

相比于木模板而言，钢模板体系在标准化、高层建筑施工上有着突出的技术优势。钢材具有较高的强度与刚度，钢模板能承受很大的混凝土侧压力且变形很小，这为保证混凝土结构构件几何尺寸的准确性及表面的平整度奠定了基础，尤其是在大面积的墙体、楼板以及标准化的梁柱施工时，使用大块定型钢模板可以大幅减少拼缝的数量，从而提高混凝土的整体观感质量，甚至可以达到清水混凝土的效果。钢模板是标准化产品，在工厂加工制作，其产品质量有保障，互换性好。钢模板坚固耐用的特性还带来了惊人的周转次数，可以被反复使用数十次甚至上百次，在长期使用的项目中，单次使用的成本会大幅度摊薄，经济效益明显，而且这种可重复利用的特性还符合绿色施工的理念，减少了建筑垃圾的产生。在城市核心区的大型公共建筑、超高层写字楼以及标准化住宅项目里，钢模板凭借着高精度、高效率、高周转率的特性，成为主导性的模板技术。

虽然钢模板有很多优点，但是它也有局限性。首先就是它的自重比较大，一块钢模板的重量远远大于同尺寸的木模板，所以安装和拆卸的时候必须要有塔吊、汽车吊之类的起重设备帮忙，这样就会增加机械租赁和使用的费用，而且要对现场的场地布置和垂直运输能力提出更高的要求，在一些场地有限或者垂直运输比较紧张的项目上，钢模板的周转效率会大大降低。其次就是它的初次投资成本比较高，对于一些中小项目或者是资金比较紧张的工程来说，一次性买很多钢模板会带来不小的经济负担。而且钢材的化学性质决定了它在潮湿环境中容易生锈，如果保管不当或者保养不及时，钢模板表面会出现锈迹，这些锈迹会转移到混凝土表面，形成难以清除的锈斑，严重影响结构外观。钢材的导热性能强，遇到极端天气，比如夏天烈日暴晒或者冬天严寒，模板表面的温度会急剧变化，这对混凝土的凝结硬化很不利，要采取隔热或者保温措施，从而加大了施工难度。

（二）新型模板体系的技术创新与进展

铝合金模板体系是近几年发展起来的一种新型模板技术，在标准化高层住宅和公共建筑领域得到了迅猛的发展，这种体系的出现使传统的施工模式有了很大的改变。铝合金模板体系最根本的优势在于铝合金材料具有轻质高强的特点，与钢模板相比，铝合金模板的重量要小得多，通常情况下只有钢模板重量的 1/3 左右。这样一来，模板的搬运、安装以及拆除就更加依靠人力，对塔吊等大型机械设备的需求也就相应减少，因此改善了施工现场的资源配置状况，提升了施工流水作业的效率。铝合金模板采用一体成形的方式，经过工厂里高精度的挤压成形工艺，构件的标准化程度非常高，现场施工就像是在玩积木一样，拼装十分方便，极大地缩减了模板工程的作业时间。一套铝合金模板的周转次数能达到数百次，其全生命周期的综合经济效益十分可观。在一个 30 层的标准住宅项目当中，若采用铝合金模板，则其主体结构的施工速度能达到每四天一层，这在加快项目整体进度、缩短资金周转期上有着决定性的影响。

塑料模板属于绿色建筑技术的重要部分之一，依靠其独有的材料特性及环保优势，在一些工程中获得了越来越多的重视与运用。这种模板大多用聚丙烯（PP）或者丙烯腈 - 丁二烯 - 苯乙烯共聚物（ABS）等高分子材质制造而成，它最明显的特征就是完全不会和混凝土粘连，取模以后混凝土表面像镜子一般光滑，基本不需要执行后期的抹灰或者修补工作，可以直接投入下一道工序，这样省下了不少的人力和物资资源。塑料模板具备很好的防水功能和抗腐蚀性能，非常适宜用在地下空间、各种综合管道走廊以及水利建筑这样的湿气或者有腐蚀性的物质所在之处。而且废旧的塑料模板可以回收再利用，减少了对自然资源的消耗，降低了建筑垃圾的排放，环保效益显著。另外塑料的热胀冷缩系数大，温差大的地方施工要留一定的拼缝间隙，防止塑料模板受热膨胀起拱或者受冷收缩开大缝。

超高层建筑及特种构筑物的施工中，传统的模板支撑体系已经无法满足施工的高度、速度和安全性要求，由此产生了液压爬模、顶模、滑模等先进的模板系统。液压爬模系统把模板、操作平台和支撑系统集成为一个依靠自身动力设备可以沿建筑物垂直爬升的整体系统，不需要塔吊，特别适合超高层建筑核心筒的施工。整个系统依靠液压油缸的交替作用，实现平稳、准确地逐层攀升，施工速度快，而且高空作业的安全性也得到极大的提高。滑模技术是通过模板系统在液压千斤顶的作用下沿着已浇筑的混凝土表面不断向上滑升，在混凝土的浇筑、振捣的同时，混凝土结构也随之进行提升的一种连续施工工艺，主要用于修建烟囱、水塔、桥塔、筒仓等高耸构筑物，施工速度快，结构的整体性也好，混凝土的表面质量比较一致。这种集成化、自动化程度很高的模板体系，既是施工技术上的进步，又是项目组织管理上的改革，对设计、建造和装备管护之间必须进行高度整合。

柔性模板技术，尤其是织物模板，是模板工程领域中一项非常前沿的探索，它为复杂、非线性的建筑形态带来了新的技术途径。传统的刚性模板想要形成自由曲面，常常要大量切割和拼接才能做到拟合，成本很高，而且精确度很难把握。织物模板把高强度、低延伸率的工程织物当作模布，通过准确的计算和控制织物的张拉形状，依靠混凝土的重力和流动性，塑造出符合流体静力学平衡的、具有自然张力的建筑构件，这种技术可以用比较低的成本，造出传统技术难以做到的改良结构形态，像变截面柱、薄壳结构等。织物表面独一无二的纹理，也能够给混凝土带来特别的质感，丰富了建筑的表皮语言。但是织物模板的设计和施工，对于技术的要求非常高，需要依靠先进的数字建模和力学分析软件，准确预测模布在混凝土压力下的变形情况，而且要凭借精密的预张拉系统和支撑框架，来控制最后的成型效果。怎样保证织物接缝处的密封性，如何控制混凝土表面的泌水现象，开发出可重复使用的织物材料，这些都是该技术想要广泛地应用时所遇到的关键问题。

二、模板工程的施工工艺与流程管控

（一）模板的加工、制作与验收

模板工程的质量源头在加工制作环节，而实现高精度、高效率加工的最佳途径就是工厂化预制、场外集中加工，将模板的生产从杂乱的现场转移到设备先进、管理有序的加工厂，会带来诸多技术、管理上的好处。在工厂中，可以使用数控离子切割机、高精度锯床、自动化焊接机器人等设备，对钢材、木材或者铝合金型材进行精确的下料、组装，其加工精度远不是传统手工所能及的。标准化的生产流程加上严格的质控体系，可以保证每一块出厂的模板构件都符合设计尺寸和公差要求，为现场快速拼装打下基础，集中加工还有利于统筹管理原材料并回收利用废料，大幅削减了施工现场的材料浪费和环境污染。这种模式把传统的现场分散制作变成了现代工业化的集中生产，既提升了模板的品质，又通过缩减现场作业量，为改善整体施工部署和缩短工期创造了条件。

虽然工厂化预制是大势所趋，但是在很多项目上现场加工制作还是不可缺少的补充。为了保证现场加工的模板质量，必须有一套完整的制度和工艺标准。首先要有专门的、相对封闭的模板加工区，地面要平整硬化，要有防雨、防潮措施，还要有消防器材。进入加工区的原材料，无论是木方、胶合板，还是钢材，都要经过严格检查，如木材的含水率是否超标，是否有腐朽、节疤过多，钢材的规格、材质是否符合设计要求，严禁使用不合格的材料。在加工时，要对工人开展细致的技术交底，把模板的尺寸、拼接办法、开孔之处之类的详细情况交代清楚，还要安排专门的质检人员，针对加工好的模板半成品展开过程检查，尽早找出尺寸不准、拼缝不够严密之类的模板，防止不合规格的模板进入安装环节，从而做到对现场加工质量的有效把控。

模板拼装质量关乎混凝土构件的成型效果，特别是拼缝之处，这是避免漏浆、保证混凝土表面光洁度的重点所在。就定型钢模板或者铝合金模板而言，它们构件间的衔接大多借助销钉、楔块或者专门的卡具，设计的时候就要考虑到连接的紧密程度以及方便性，组装的时候要保证这些连接件安装到位，结实牢固，使板和板之间对接缝平整对齐，高低差控制在许可范围之内。至于木模板，在板缝处则需实施额外的密封办法，最常采用的做法是在模板内部拼缝处贴上海绵条或者专门的密封胶带，用以填满那些或许存在的细微缝隙。对于穿墙螺杆等需穿过模板的部位，要设置专用的止水套管或者密封圈，以免在混凝土浇筑的时候出现漏浆现象，模板的面板在组装之前，务必把表面清理干净，然后均匀地涂刷一层隔离剂，隔离剂的选择以及涂刷工艺直接关系到脱模效果和混凝土表面的质量，涂刷过多或者不均都会造成混凝土表面出现油污或气泡。

模板的验收是保证模板在安装之前质量的最后一道关卡，要严格执行，不能搞形式主义。验收应按一套程序来执行，形成可追查的书面材料。验收内容主要包括：一是核对数量和规格，核对现场到达的模板构件是否与发货单、设计图相符，规格是否准确；二是复核几何尺寸，用钢尺、角尺等测量工具，抽查模板的长、宽、对角线尺寸和平整度，看是否在允许的公差范围内；第三是外观质量检查，查看模板表面是否平整，有无破损、锈蚀、变形，焊缝是否饱满，连接孔位是否准确。对于组装成型的模板单元，还要着重检查拼缝严密性、连接件完好性以及整体刚度。验收采取施工单位自检和监理单位平行检验的方式，对于出现的问题要立刻记录下来，并告知有关人员，责令改正，全部项目都检验合格并且办理了书面验收手续之后，才准许模板投入使用。

（二）模板的安装与校正

模板的安装一定要按照逻辑严谨和统筹兼顾的施工顺序，如此才能保证整个体系稳固和准确。一般情况下，安装顺序应该遵循“先下后上，先内后外”的原则。对于墙柱这类竖向构件，先安装一侧的模板，等到钢筋工程施工结束并验收合格之后，再封合另一侧的模板。而对于梁板结构，要先做好梁模板的安装，再铺贴楼板的底模。在整个安装流程当中，测量放线工作贯穿始终，是保证模板位置正确无误的生命线。施工前，要按照建筑的轴线控制网，把墙、柱、梁的边线和控制标高准确无误地投射到作业面上，并且用清楚的墨线或油漆加以标注。安装时，模板的下脚应当确切地落在放好的线上，而且要在底部设置限位手段，比如预埋的钢筋或者焊接的角钢等，以此防止它在后面的施工过程中出现移动。每一步的安装都要与测量工作紧密结合，做到过程中的动态控制，防止产生误差。

模板要精准定位，尤其是严格把控垂直度和标高，这是确保混凝土结构尺寸合格的关键技术环节。在竖向模板的安装过程中，对垂直度的把控十分关键。以往的施工方式是用线坠做吊线检测，在模板的上、中、下三处分别量取其与控制线之间的距离，然后通过调节斜向支撑去校正垂直度。随着技术的进步，激光经纬仪、激光铅直仪等较为先进的测量设备被普遍应用，这些设备可以投射出非常精确的垂直参考线，从而使校正工作变得更为高效、准确。对于水平构件，如梁和板的底模，则依靠水准仪或者激光扫平仪来控制标高，在支撑体系搭建完成之后，要在梁侧模或墙上画出设计好的标高线，接着把支撑立杆顶端的可调支托（U 托）调整好，使模板的底面准确地达到设计的标高。对于大跨度的梁板，还要按照设计要求来考虑设置施工预起拱，从而抵消混凝土浇筑之后发生的挠度变形。

一个稳固可靠的支撑加固体系是模板安全的根本保证，支撑加固体系的安装质量直接关系到整个模板工程的成败。支撑体系的搭设必须严格按照专项施工方案执行，立杆的间距和水平杆的步距均需符合设计计算的要求，立杆的底部应当坐落在结实稳固的地基之上，倘若地基为土层，则务必铺设整根的垫板或者设置混凝土垫块，从而增大受力范围，规避不均衡沉降。立杆的垂直度也要加以控制，而且要设置扫地杆和竖向剪刀撑，以此来提升其稳定性。对于模板的加固体系，墙柱模板的对拉螺杆、背楞等，其布置间距和规格型号也要与设计相符合。对拉螺杆要松紧适中，既要有抵抗混凝土侧压力的能力，又不能拧得过紧以致引起模板变形。在浇筑混凝土前，一定要对整个支撑、加固体系进行一次全面的检查，确保所有的连接节点都紧固，支撑没有松动，加固措施到位，从而形成一个完整的、稳定的空间体系。

在混凝土浇筑之前进行检查与校正，是模板施工流程中一个非常关键的闭环节点，它实质上是对前面所有安装、校正、加固工作的综合复核过程，目的在于排除一切潜在的隐患和偏差。检查工作要全面细致，涉及模板的轴线位置、标高、垂直度、截面尺寸、拼缝严密性、支撑体系的稳定性和安全性、预埋件和预留孔洞的位置及固定状况等方方面面，而且要对模板内部进行彻底的清理，把木屑、扎丝、泥土等杂物全部清除掉，再用水冲洗干净，但是不能有积水。这项检查一般由施工单位的质检、技术、安全等几个部门联合起来做，还要请监理工程师一直跟着，检查出来的问题要在浇筑混凝土之前解决好，再重新检查一遍，全部符合设计和规范的要求以后，办了正式的模板工程预检验收单或者浇筑令，才能开始下一步的混凝土浇筑工作。这个步骤虽然麻烦，却是防止质量事故和安全事故的最后一关，也是最关键的一关。

第二节　钢筋工程加工安装质量控制

一、钢筋原材料及成品进场质量控制

（一）钢筋原材料的验收与检验

钢筋作为混凝土结构的骨架，其好坏直接决定整个结构的安全储备与耐久能力，在工程质量管理链条上是非常核心且重要的源头把控点。原材料验货绝不是走个过场式的程序核对，而是对建筑物整个生命周期的安全做出一次重大的责任约定。现在的钢筋原材料质量把控理念，已不同于早前那种“符合性”的验收，单方面地对钢筋的材质证明和物理尺寸做简单的对照核实，更多的是变成一种基于提前防范风险及全面可追责的管理思路。质量控制人员既要熟悉国家、行业的现行材料规范，还要对钢筋在各种不同的结构环境中、不同的受力状态下会呈现哪些不同的性能状况了如指掌。以处在海洋氯化物环境中的结构为例，这对钢筋的抗腐蚀性能提出了更高的要求，要重视承受反复荷载的桥梁或者抗震结构的疲劳性能和延展性。所以验收工作已经变成了一个综合性的技术评判活动，它不仅仅是对一批物理材料的检验，而且是对供应商的质量保证体系、生产工艺的稳定状况，乃至物流运输环节中可能存在的各种风险的全面评估。这种系统性的提前控制，正是打造精品工程的坚固基石。

钢筋原材料的物理性能与化学成分检验属于验收环节的技术核心部分，检验方法是否科学，检测数据是否准确，直接关系到质量评判是否有效。传统的力学性能检验，比如抗拉强度、屈服强度和伸长率的检测，到现在还是判断钢筋是否合格的基本标准。但是，随着工程结构朝高层、大跨、重载方向发展，仅仅依靠这几项宏观力学指标已经不够。现代的检验体系越发重视对材料内在品质的深入剖析和化学成分的分析，尤其是对碳、硫、磷这些影响钢筋可焊性与韧性的元素的精准把控，以及碳当量的计算，变成评判其工艺性能的关键。金相组织检验可以从小处着眼，观察钢筋有无内部瑕疵，晶粒是不是匀称，借此推测它日后服役的稳定性。针对某些用途特别的钢筋，如高强度预应力钢绞线，还要做严格的松弛试验，看它在长时间承载压力时是否会产生应力损耗。而且，一些高端项目开始使用无损伤检测手段，比如超声波探伤，在对钢筋进行收货的时候，用这种方法来查探钢筋内部是否有缩孔、夹杂等冶炼缺陷，把质量问题消灭在萌芽阶段。

在项目管理过程中，对原材料验收流程的忽视或者检验方法的缺乏往往是后期结构隐患产生的深层次原因。在某大型交通枢纽工程里就曾经因为钢筋的质量引发过严重的纠纷，这个项目在结构施工阶段，通过抽检发现有一部分梁柱节点处的钢筋焊接接头在拉伸实验时频繁产生脆性断裂现象，断口齐平，完全没有其应有的延展性，项目部马上启动应急预案，叫停了该区域的施工，并且组织专家团队展开溯源调查，经过对现场已安装钢筋实施取样复检，再结合对供应商库存材料进行追溯检验之后，最后查明某批次钢筋的化学成分当中磷元素含量异常偏高，使得钢材的冷脆趋向明显加剧，可焊性急剧变差。虽然该批次材料供应商提供了齐全的出厂合格证和材质证明书，而且传统的力学性能抽检也侥幸过关，但正是因为进场验收时没有对化学成分进行独立抽检复核，才导致这批劣质钢筋进入施工现场，给工程造成巨大的经济损失和工期延误。这个案例给人们敲响了警钟，质量控制过程中任何的程序简化或者侥幸依赖现有文件，都可能成为安全防线上的致命缺口。

要想全面改善钢筋原材料进场的质量把控水平，就要创建一套数字化、可追踪、多层次的智慧管理体系。这套体系的关键之处在于依靠现代信息技术来冲破信息孤岛，从而做到从钢厂生产直至现场安装的全程透明化管理，可以采用“一物一码”的钢筋身份标识制度，也就是给每捆或每根钢筋加上一个专属的二维码或者 RFID 标签，这个标签包含它的生产炉号、批次、化学成分、力学性能检测报告等全部重要信息。当这些材料被送到工地的时候，验收人员用随身携带的手持终端扫一下，就能在云端数据库里马上找到并核对它的完整“履历”，做到物证相符。而且，这个体系要强制实施独立的第三方平行检验制度，也就是由监理或业主聘请有资质的实验室，按照预定的频率对进场的钢筋做随机抽样复检，复检的数据马上传到项目管理平台，和供应商给的数据自动对比，一旦出现差别就发出警报。这种依靠数据来控制质量的办法，不但让验收工作变得又快又准，而且最重要的是用技术手段把管理过程固定下来，避免人主观因素的干扰，把原材料的质量控制提高到了前所未有的高度。

（二）钢筋成品的检测标准与方法

钢筋成品，指通过下料、调直、弯曲、焊接等工序加工而成，可直接用于绑扎安装的钢筋构件，其几何尺寸的准确程度、连接接头的可靠程度以及外观形态的规整程度，是保证钢筋骨架与设计模型完全吻合的前提条件。对钢筋成品实施检验，既是对其加工环节工艺水平的最终评定，也是阻止“带病”构件流入结构实体的最后一道防线，检验标准务必依照国家现行的《钢筋混凝土用钢》系列标准和《混凝土结构工程施工质量验收规范》的具体规定。这些标准对钢筋弯曲的弯弧内直径、弯折角度的偏差、箍筋末端弯钩的平直段长度等都有具体的量化指标，但是在施工过程中，检验工作却面临着如何把那些静态的标准条文变成动态、高效又覆盖面广的现场检查活动，好的质量检验员不仅要手拿量具逐条核对，还要有从一堆看似合格的成品中找出系统性偏差的敏锐嗅觉，比如发现一批箍筋的弯折角度普遍偏小，这有可能是弯曲设备参数设置出了错，要赶紧追查纠正。

检验方法的选择与应用，直接影响到钢筋成品质量控制的深度与广度。传统检验方法主要依靠人工目测及手动工具测量，比如用钢卷尺量下料长度、用角度尺量弯折角度、看焊缝外观判断焊接质量，这些方法直观又方便，但遇到大量、精准的加工任务时，就显得效率低、可靠性差，还容易产生主观判断误差。要想解决这些问题，现代化的质量检验便开始采用更先进的设备和技术，以钢筋的下料长度和弯曲成形为例，可以利用三维激光扫描仪对成品做快速、非接触式的扫描，生成精确的三维点云模型，再把模型与BIM设计模型做数字化对比，就能瞬间找出所有尺寸偏差超标的部位，而且能以可视化的方式显示出来。对于焊接接头，除了常规的外观检查和力学性能试验之外，采用便携式相控阵超声检测设备，可以对焊缝内部未焊透、气孔、夹渣等缺陷进行准确的探测，提高了连接质量的可靠性。而这些新技术的应用，使钢筋成品的质量检验从“抽检”走向“全检”，从“宏观”走向“微观”。

在项目管理中，一个常见的误区就是重加工轻检验，或者把检验工作当成事后“挑错”。这种管理模式使得质量问题常常在成品堆成山的时候才被察觉，这时候再做返工或报废处理，既浪费材料又耗费人力，而且会严重影响后面的绑扎施工。有一个很典型的例子就是某高层住宅项目，当施工队要开展墙柱钢筋安装的时候，发现很多柱箍筋尺寸有偏差，根本套不上柱纵筋，于是现场的安装工作就被卡住了，后来经过紧急排查才发现，原来是因为钢筋加工厂的数控弯箍机换模之后没有准确校对参数，而且在生产过程中自检及出厂前专检都是走过场，根本没有发现这些问题，这件事暴露出传统模式下加工和检验两个环节的脱节。先进项目管理理念讲究“过程控制”和“检验前移”，就是在加工过程中设置多个质量控制点，实行“三检制”（自检、互检、专检），保证每道工序的产出都是合格品，而且借助信息化手段，把检验数据与生产进度联系起来，做到对加工质量的动态监测和预警。

为了构建一个高效、可靠的钢筋成品质量保证体系，一定要把检验工作做到标准化、自动化和智能化。标准化的关键就是制定一套详细的、图文并茂、具备操作性的作业指导书，清楚每种钢筋成品要做什么检查项目、允许偏差、用什么工具来测量、检查次数、处理不合格品的步骤，这样就能让每个检验员操作时有章可循，最大限度消除个人差别。自动化的方向是要大力推行数控钢筋加工设备，这种设备自身就有很高的精度测量和反馈系统，可以在加工过程中自动校对尺寸并加以调整，从根源上保证了成品的合格率。至于智能化的将来，则依靠机器视觉和人工智能技术相融合。可以设想在加工流水线之上布置高清工业相机，运用深度学习算法针对传送带上每一个钢筋成品展开即时的图像识别与剖析，判定钢筋成品的形状、长短、弯钩等是否符合标准，然后自动将其筛选出。这种智能检测体系能够做到百分之百的全方位检查，而且不断地积累数据，反向调节加工工艺参数，进而达成钢筋加工质量的闭环控制。

二、钢筋加工过程质量控制

（一）钢筋调直与切断工艺控制

钢筋调直与切断是钢筋加工的第一个工序，钢筋加工工艺控制的好坏直接影响到钢筋加工质量和材料利用率。钢筋调直与切断是指把盘条钢筋调直，使之成为平直的钢筋。钢筋出厂时呈卷曲状，内部应力较大，因此必须调直后方能使用。钢筋调直就是通过反向弯曲和拉伸钢筋，使钢筋产生塑性变形，以消除钢筋原有的弯曲和内应力的过程。钢筋调直的质量标准是“直”，即调直后的钢筋应平直，不得有局部弯折。但钢筋调直往往采用冷拉，即过度调直，这样虽然提高了钢筋的屈服强度，却严重降低了钢筋的塑性，使钢筋的延伸率大幅度降低，产生冷脆，这是规范所绝对禁止的。所以工艺控制就是控制调直机的压辊间隙及角度，既要保证平直度达到满意效果，又要控制钢筋冷拉伸长率在规范允许的范围内。切断工序就是要控制下料长度的准确度，长度偏差直接影响到构件的几何尺寸和钢筋的搭接长度，关系到结构安全，工艺控制的达成离不开对设备性能的深入掌握和对操作规程的严格遵照。传统的钢筋调直机，调直的效果大多依赖操作工人的经验，需要反复尝试调整压辊的设置才能找到最佳值，效率不高，质量也不稳定。现代的数控钢筋调直切断一体机，依靠预设的程序来精确操控伺服电机的转速和牵引的长度，可以做到精准的自动化调直和定尺切断，大幅提升了加工质量和效率，但是即使用上了先进的设备，也还要关注工艺控制的重点。比如，要定期检查并更换设备上的切刀，因为磨损的切刀会导致钢筋切口出现马蹄形或严重的毛刺，这会影响到之后的对焊质量。还要根据不同规格、不同牌号的钢筋在设备的控制系统里调用或设置不同的工艺参数，因为不同钢筋的力学性能不一样，所以在调直的时候所需要的变形力也是不一样。对于这些细节的把控，才是保证机械化加工质量稳定的重点。

一些管理比较粗放的加工厂，经常会看到为了追求效率而不顾工艺规范的情况。有一个很典型的负面案例就是，操作工人为了加快调直速度，擅自把调直机的牵引速度调到设备允许的最高速度，同时加大调直模块的压缩量，这样调直出来的钢筋表面看起来特别平直，实际上已经过冷拉得很厉害，用这种工艺调直出来的钢筋，屈服点变得模棱两可，延性损失很大，如果把这些钢筋用在抗震结构的关键部位，那么一旦地震来临，该部位就不能通过自身的塑性变形来吸收和耗散地震能量，会像玻璃一样突然发生脆性断裂，造成结构连续倒塌。这充分表明，钢筋调直工艺控制，绝不是简单的外观质量要求，而是结构安全性能的底线问题，项目管理者必须清醒认识这一点，从技术交底、过程巡检、成品抽检等环节，杜绝此类违规行为。

为了达成钢筋调直切断工艺的精细化管控，未来发展必然是与信息化智能化技术相融合。加工设备本身要具有更加强大的自适应、自诊断能力。未来的调直机可以配备激光位移传感器，随时监测钢筋在调直过程中表面产生的形变，通过闭环反馈系统自动微调压辊参数，保证每米钢筋的残余变形达到最佳状态，同时可以内置应力监测模块，随时反馈钢筋的受力情况，一旦超过冷拉上限的应力就报警停机。加工过程要输入到BIM协同管理平台中，利用BIM直接向数控加工设备输出下料单，这样既能做到零错误的数据传递，还能凭借算法来改良排料方案，从而最大限度削减钢筋的耗费，缩减材料成本。所有的工艺参数、生产数据、质检结果都会被自动传送到云端，变成可供分析的大数据，通过对这些数据的挖掘，可以持续改良加工工艺，预估设备的维修时间，做到真正的智慧化生产。

（二）钢筋弯曲成形精度控制

钢筋弯曲成形就是把调直切断好的直条钢筋按照设计图纸上规定的形状和尺寸弯折成梁、板、柱、墙等构件的骨架，这个过程的精准度控制是保证钢筋骨架的几何形状、保护层厚度以及钢筋之间的距离符合设计要求的关键所在。弯曲成形的技术要点包含弯曲角度的准确性、弯弧内径是否符合规范以及弯曲点位置的精准度，弯曲角度一旦有偏差就会造成构件外形轮廓发生变化，进而影响到模板的安装以及混凝土的浇筑。弯弧内径太小，在弯点处就会出现过量的应力集中，破坏钢筋的组织结构，造成细微的裂痕，削减钢筋的承载能力与疲劳寿命；内径太大，钢筋就会发生位置偏移，影响其在截面中的有效高度；弯曲点定位不准确，钢筋各段长度就会出错，造成整个构件的尺寸比例失调。所以，对弯曲成形精度的把控，是达成结构细部构造的关键。

在工艺过程中，保证弯曲成形精度的方法很多，从传统的手工操作到现代的数控设备，控制方法也不尽相同。在使用手动或半自动弯曲机时，操作者的技能水平和责任心起着决定性的作用。必须在弯曲机的工作盘上准确地设置好挡板的位置，在加工前用标准角度尺进行校准。对于高级抗震箍筋，其末端135°弯钩和平直段长度的要求也十分严格，这就要求操作者在思想上要高度重视，在操作中要认真负责。而数控钢筋弯曲中心或者数控弯箍机的精度就由设备和程序来保证，使用这类设备时，工艺控制的重点转向了对输入数据的复核和对设备模具的日常保养上。必须建立加工程序输入和审核制度，避免因操作人员的人为录入错误导致整批产品报废。要定期检查弯曲模具的磨损程度，过度磨损的模具会导致弯弧内径增大，必须及时更换。一个值得注意的质量通病就是箍筋加工时出现的尺寸偏差，在某个高层建筑核心筒施工期间，监理工程师对进场的箍筋实施抽检的时候，发觉很多箍筋的边长尺寸存在系统性的负偏差，也就是实际尺寸比设计尺寸小了 5 ～ 8mm。虽然单个箍筋的偏差也许看上去很小，但是当这些箍筋被用于束缚核心筒的暗柱时，这种偏差就会造成整个暗柱的截面尺寸被“压缩”，而保护层厚度则会相应地“变厚”，这种偏差会减弱箍筋对核心混凝土的约束效果，进而降低构件的抗震能力和承载能力。经过调查发现，问题出在钢筋加工厂在计算下料长度的时候，没有考虑到钢筋弯曲时会发生塑性变形，所以会多出一段材料延伸出去，也就是没有考虑量度差，操作人员只是按照理论几何长度来下料，弯曲成形之后外包尺寸就会偏小。这个例子说明，钢筋加工不只是要准确地操作，还要有扎实的理论知识做后盾，对材料变形规律不了解，就容易出现系统性的偏差。

提高钢筋弯曲成形精度的终极办法就是推广那些精度更高的自动化设备，并把这些设备归入项目级的数字建造体系中。现代化的钢筋弯曲中心不但能自动做好复杂的弯曲动作，而且装有先进的测量和修正系统，设备利用激光传感器在弯曲的时候即时检测弯曲角度，一旦发觉有误差，伺服系统就会马上实施修正，保证每一个弯都是准确无误的。还可以把 BIM 技术和钢筋加工结合起来，设计阶段形成的 BIM 里包含每个钢筋构件精确的三维信息，这些信息可以被直接变成加工指令，推动自动化设备去生产，做到从设计到加工的无缝衔接，完全杜绝依靠人工去识图和录入数据所造成的错误。还可以借助 AR 技术辅助质量检验，检验人员戴上 AR 眼镜后，现场的钢筋成品就能与 BIM 中的虚拟构件实现一比一叠加比对，任何形状、尺寸的偏差都会被醒目地高亮显示出来，从而使质量检查工作变得更直观、高效且精准。

第三节　混凝土浇筑准备与施工

一、混凝土浇筑前的准备工作

（一）模板系统检查与验收

模板工程是混凝土结构的“模子”，模板质量的好坏是混凝土构件成型质量的先天性条件，因此，在混凝土浇筑之前，对模板系统进行系统的、严格的检查和验收，是保证结构几何尺寸、外观质量和结构安全的基础工作。检查验收工作应按经批准的模板施工方案和有关施工规范进行，其内容包括模板的强度、刚度、稳定性、几何尺寸、拼缝严密性和内部清理等。强度、刚度和稳定性是模板系统的安全指标，检查重点是支撑体系搭设是否按照方案要求，扫地杆和剪刀撑设置是否到位，任何一个环节的缺失，都会在混凝土浇筑时巨大的侧压力和施工荷载下，导致模板变形、胀模甚至坍塌，发生严重安全事故和质量事故。

模板的几何尺寸及拼缝严密性，则直接关系到混凝土构件的最终效果。检查时，要使用测量工具对模板的轴线位置、标高、截面内部尺寸、垂直度或平整度进行实测实量，确保其偏差在规范允许的范围内。尺寸的偏差，直接影响到构件的实体偏差和后续工程的施工。拼缝的处理是保证混凝土外观质量的重要环节，模板之间以及模板与已浇筑的混凝土的拼缝处，都要严密，不能漏浆。如果存在缝隙，那么在混凝土浇筑和振捣的时候，水泥浆就会从缝隙中流失，这样不但会在构件表面留下难看的“漏浆痕”，而且会造成接缝处的混凝土骨料集中强度下降，变成质量上的一个薄弱环节。要想使拼缝严密，除了要保证模板加工得十分精准之外，还需要在缝隙处粘贴海绵条或密封胶带。

模板内部的清理湿润工作，是保证混凝土质量纯净、表面光洁的最后一道重要工序。封模之后，在浇筑之前，一定要把模板内部清理干净，把遗留下来的木屑、刨花、扎丝以及焊渣统统清除掉，这些东西如果混到混凝土里，就会破坏混凝土的整体性，造成应力集中，引发渗漏问题。清理完毕之后，还要刷涂模板隔离剂，隔离剂可以隔绝模板和混凝土，防止它们粘连在一起，方便拆模，并且保护模板和混凝土表面。隔离剂的选择与涂刷工艺很关键，要选对混凝土性能及钢筋无害的产品，还要涂刷均匀，不能有漏刷或流淌现象。木模板在浇筑前需充分润湿，否则干燥的木模板会吸走混凝土里的水分，造成混凝土表面失水过快而强度下降，产生裂缝，湿润可以令木模板预先吸足水分，防止它和新浇筑的混凝土“抢水”。

模板系统的检查验收，不仅仅是施工单位内部的自检行为，而且需要监理、建设单位共同参与、多方确认。规范的验收程序规定，在模板安装结束，钢筋绑扎完毕，预埋预留做好之后，由施工单位的专业工长和质检员先实施自检，自检合格之后填写报验申请表，交到项目监理工程师那里执行验收，监理工程师应当会同建设单位代表，按照设计图纸和施工方案，对模板系统展开全面的检查，针对关键尺寸执行抽测复核。只有当所有的检查项目都合格，并且验收各方在验收记录上签字之后，才允许进行下一步工作，即混凝土浇筑。这种严格的工序交接验收制度，是保证工程质量的关键，它通过层层把关，使质量责任落实到每一个环节、每一个负责人，有效防止了不合格的模板工程“带病”进入混凝土浇筑阶段，是施工过程质量控制的重要体现。

（二）施工机具与运输设备配置

混凝土浇筑属于连续性、系统性很强的施工作业，它能顺利开展极大依靠一套合理配备、运行良好的施工机具和运输装备体系。浇筑前的设备预备规划绝不是把各种设备简单列出，而是结合工程特性、施工强度、场地情况展开一次系统筹划。其终极目的是保证混凝土从搅拌站出机开始直至入模的全部过程中一直具有优良的工作性能，而且供应能力能够与浇筑速度实现无缝对接。如果设备配置过少，就会造成施工中断，在结构中留出计划外的冷缝，影响整体结构；如果设备配置过多，就会造成资源浪费，给公司带来额外的负担。因此，科学合理的设备配置是达到高品质、高效能、有竞争力浇筑的基础。

混凝土的运输设备配置是整个链条中的关键一环。混凝土搅拌运输车（罐车）的数量必须按照浇筑总量、一次浇筑方量、混凝土初凝时间及运输距离（包括可能的交通堵塞时间）计算出来，并留有一定余量，以防止车辆发生故障或发生交通意外等突发情况。大体积混凝土连续浇筑，必须保证在施工现场随时有罐车待命，不能出现供应“断链”。泵送设备的选择取决于构件类型、高度和浇筑的水平距离。对于高层建筑，要选用泵送压力高、臂架长的混凝土泵车；而对于基础底板等水平构件，则可以选用车载泵或拖式泵。泵管的布置也要注意，要尽可能减少弯头，避免水平管道过长，以减小泵送阻力。在泵送之前，必须对所有管道连接的牢固性和密封性进行检查，防止在高压下出现爆管、漏浆等事故。

浇筑振捣机具的准备，是保证混凝土密实的最终手段，振捣器的选取和配备要合适。针对梁柱截面小的构件，应当主选插入式振捣器（振捣棒），它的作用半径和振动频率要与构件大小以及混凝土的坍落度相符；而针对墙板面积大的构件，则应以平板式振捣器为主，插入式为辅，这样就能保证大面积的均匀振捣。振捣器必须充沛，除了保证正常的使用量外，还必须预备足够数量的备用，以防在浇筑的时候出现问题，导致振捣停止。一个经常被忽视的小细节就是不同功率、不同类型的振捣器，其电源线的规格和插座的配备也要提前准备好，由专业电工进行敷设和检查，以保证施工用电安全可靠。施工现场还要准备好铁锹、手推车、抹板、照明灯具等和夜间施工需要的工具。

所有的机具设备在投入使用前，都要经过全面的检查、试运转和保养，保证其处于良好的技术状态。混凝土泵车和运输车的罐体内要清理干净，没有硬化的混凝土残渣，泵车的液压系统、润滑系统要正常工作，臂架的伸缩、回转要灵活稳定。振捣器的电缆线不能有破损或者漏电的情况，开启之后要振动有力，声音正常。在浇筑开始之前，还要把所有设备的操作人员，包括泵车司机、罐车司机、振捣工等，召集起来进行详细的交底，交代清楚各自的责任、指挥信号、操作程序和应急处置办法。这种“兵马未动，粮草先行”的周密准备看似烦琐，却是防止现场混乱、保证浇筑工作一气呵成、安全高效的必要条件。

二、混凝土浇筑过程中的施工

（一）混凝土分层浇筑与振捣

混凝土浇筑的过程实际上就是把流动状态的混凝土拌和物填满到模板里面，最后使其成为具有一定形状和性能的人造石材的过程。要想做好混凝土浇筑，就要遵循分层浇筑的原则。所谓分层，就是把构件按照高度分出多个层去，一层接着一层地浇筑，这样做是为了保证在振捣的时候力量能顺利传递到每一层混凝土的底部，把里面裹住的气泡弄出来，使混凝土尽可能地密实。分层浇筑时，每层应该有的厚度是个技术问题，这个数目会受到所用振捣器性能及构件情况的影响。对于采用插入式振捣器的普通结构，每一层的浇筑厚度一般控制在振捣棒有效作用长度的 1.25 倍之内，大致为 30 ～ 50cm。如果分层太厚，振捣棒的作用力就不能穿透混凝土，从而导致下层的混凝土振捣不实，留下蜂窝、孔洞等隐患；如果分层太薄，就会增加施工缝，减慢浇筑速度。

振捣工艺是混凝土浇筑过程中的核心技术环节，其操作的好坏直接决定了混凝土的质量。插入式振捣器的操作要领为“快插慢拔，均匀分布”。快插是为了避免把上层混凝土带入下层，造成分层；慢拔是为了让振捣棒拔出时留下的空洞被周围的混凝土浆液及时填满。振捣点的分布要像梅花一样，间距不应大于振捣棒有效作用半径的 1.5 倍，这样才能保证振捣范围互相搭接，没有死角。每一棒的振捣时间也不是越长越好，以混凝土表面不往下沉、不再冒气泡、泛出水泥浆为准，一般 20 ～ 30s。如果振捣不够，混凝土就不密实；如果振捣过度，混凝土中的粗骨料就会下沉，水泥浆就会上浮，造成混凝土离析，同样会破坏混凝土的均匀性与强度。同时振捣时不能碰撞模板、钢筋及预埋件，以免它们移位。

新旧两层混凝土的结合处，对振捣有特别要求，要让上、下两层混凝土紧密结合成一体。振捣上层混凝土时，要把振捣棒伸入下一层混凝土 5 ～ 10cm，这样做能破坏掉下层混凝土刚形成的表面浮浆层，让上、下两层的骨料和砂浆重新混合在一起，消除潜在的薄弱层面，也就是所谓的“冷缝”。冷缝是结构里经常出现的质量问题，它会大大降低构件的抗剪强度和抗渗性能，在受力或环境的影响下，结构最容易从冷缝处开始开裂。所以，施工管理人员要严格把控浇筑的连续性，上、下两层混凝土浇筑的时间间隔不能超过混凝土的初凝时间，一旦间隔时间过长，就要按照施工缝的处理规范来处理，而不能简单地用插入振捣棒的方式进行“缝合”。

针对不同的构件类型，其振捣工艺的重点也有所差别。对于柱、墙之类的竖向构件，因为钢筋比较密集，模板较为封闭，所以振捣起来比较困难，应当从两侧或者四周同时下料，以保证混凝土表面大致水平，而且要结合使用附着式振捣器，从模板外面给予帮助振捣，从而改善密实效果。而对于梁、板这类的水平构件，要注意避免发生过振造成钢筋下沉，在梁柱节点这些钢筋非常密集的地方，如果振捣棒难以插入，那么可以选用直径小一些的振捣棒，或者在不影响混凝土性能的前提下，适度加大混凝土的流动性，再辅之以模板外侧敲打的方式，从而保证那些关键部位的混凝土浇筑质量。

（二）施工缝处理及新旧混凝土界面结合

在混凝土工程中，由于施工能力限制、设计上的需要或意外情况的发生，往往无法一次浇筑完成，因此必须在适当的部位中断作业，从而形成施工缝。施工缝是人为形成的结构薄弱处，施工缝处理质量直接影响新旧混凝土能否可靠结合成整体，并共同承受荷载。如果处理不当，那么施工缝将成为结构抗剪、抗渗的薄弱环节，特别是在地下工程或水工结构中，处理不当的施工缝往往是造成渗漏的主要原因。施工缝的位置选择及处理技术，是混凝土施工中的一项重要技术。施工缝的位置应设在结构剪力较小处，如梁宜设在跨中1/3范围之内，柱宜设在主梁下面或楼板上面，墙宜设在门洞口过梁跨中或楼板底面等。

施工缝的界面处理是保证新旧混凝土结合质量的关键工艺。在浇筑新混凝土前，必须把旧混凝土界面彻底处理好。首先要将旧混凝土表面的浮浆层、松动石子及被污染的薄弱层凿除，直至露出坚实、新鲜的混凝土骨料，形成一个粗糙、凹凸不平的结合面，这个过程叫作“凿毛”。凿毛的目的是提高新、旧混凝土的机械咬合力，传统的凿毛方法是人工用尖头錾子剔凿，效率低，易损坏内部结构。现在施工中多用高压水射流凿毛，这种凿毛方法效率高，且能较好地保持骨料的完整，形成较好的结合面。凿毛后，必须用压力水和压缩空气将界面上的碎屑、粉尘彻底冲洗、吹扫干净。

在做好界面物理处理的同时，还要采取增强黏结的化学或物理措施。在浇筑新混凝土之前，要在清理干净的旧混凝土界面上均匀地涂刷一层高标号的水泥浆或者专门的混凝土界面处理剂。水泥浆可以填补界面的微小孔隙，提升界面的浸润性，使新混凝土的浆体更好地与旧混凝土“融合”。界面剂依靠自身高分子聚合物的黏结性能，在新、旧混凝土之间形成一个有力的过渡层。在一些对强度要求较高的结构当中，还会在施工缝处预先埋设一定数量的键槽或者插筋，以此形成“剪力键”或“销钉”的效果，从而改善界面的抗剪能力。不管采取哪种增强措施，都必须在新浇筑混凝土之前立即执行完毕，这样才能使混凝土处在最适宜的活性状态中。

浇筑新混凝土时的操作工艺也对界面结合质量有非常关键的影响。在施工缝处，应该先铺一层与混凝土内砂浆一样的水泥砂浆，厚度为2～3cm，其功能就是起到过渡层的作用，防止新混凝土中的粗骨料直接堆叠在界面上而造成孔隙。之后就要立刻浇筑新混凝土，并且要重点加强施工缝周围区域的振捣力度，振捣的时候务必保证新混凝土能被充分挤压并渗透到旧混凝土的粗糙界面上，把界面处的空气全部排掉。在施工缝附近，振捣应当更加密集一些，不过也要防止过度振捣，以免引发新浇混凝土的离析。

第四节　混凝土结构施工常见质量问题与防治

一、混凝土内部缺陷的成因与防治

（一）蜂窝与孔洞现象的成因及处理

蜂窝与孔洞是混凝土结构内部存在的两种严重质量问题，使构件的有效截面面积大大减小，构件的承载力、抗渗性、耐久性大大降低。蜂窝是指混凝土局部区域骨料集中，砂浆和石子分布极不均匀，形成蜂窝状的疏松结构，石子之间有大量空隙，但尚有少量砂浆黏结，构件表面呈粗糙的、凹凸不平的斑块。而孔洞则更严重，它是构件内部存在尺寸较大的空腔，连粗骨料都未被填满，钢筋局部外露。从成因来看，蜂窝与孔洞的形成原理类似，都是由于混凝土拌和物无法充分、密实填充模板造成的，只是严重程度不同，孔洞可以说是极端严重的蜂窝，在质量验收时，必须准确识别并区分这两种问题，以便采取相应处理措施。蜂窝与孔洞产生的原因有很多，是混凝土配合比、浇筑工艺和振捣操作等多方面原因造成的。从配合比来看，混凝土砂率过低，水泥浆量不够，不能包住全部骨料，填满骨料间的空隙，就会出现蜂窝；混凝土坍落度过低，和易性不好，流动性差，会在钢筋密集或截面狭窄处被卡住，形成孔洞。从浇筑工艺来看，下料点太多，一次下料量太高，混凝土离析，粗骨料滚到构件底部或边角，也会形成蜂窝。如果模板有严重漏浆，那么水泥浆流失也会造成局部骨料富集，但最直接、最普遍的还是振捣不当，振捣操作漏振、欠振，振捣棒插入点间距过大，振捣时间不够，或者钢筋密集处未采取措施，都会使混凝土不能振实，气泡排不出来，形成蜂窝与孔洞。

对于蜂窝与孔洞的处理，要依循它们的严重程度及所处结构部位的重要性来选择不同的处理方案。对于表面轻微的少量蜂窝，如果不会影响结构安全和使用功能，那么可以先用钢丝刷刷掉松动的石子和砂浆，然后用高压水冲洗干净，等表面干了以后，用比原混凝土强度等级高一级的细石混凝土或者专门的聚合物砂浆来进行修补。要注意把砂浆压实抹平，做好后期养护，若蜂窝影响到结构的外观或耐久性，则需要把松散的部分全部凿掉，一直凿到露出密实的混凝土为止，形成一个规则的、内部大外部小的“倒喇叭口”形状，然后按照刚才说的方法冲洗、修补。对于孔洞，由于其已经严重影响到结构承载力，因此在处理上要特别小心，必须要经过设计和监理单位共同确认孔洞的大小和深度，确认孔洞对结构安全的影响，然后制定专门的补强方案。一般要将孔洞周围的混凝土也凿掉，清理干净后，再支设模板，采用比原强度等级高一级的微膨胀或者自流平混凝土，用压力灌浆或浇筑填补，使新老混凝土紧密结合。

防治蜂窝与孔洞，要始终坚持“预防为主、过程控制”的原则，从源头上杜绝蜂窝与孔洞的产生，要严格控制混凝土的配合比，确保混凝土有较好的和易性与黏聚性，坍落度要符合泵送与浇筑要求，不能随便加水，要改良浇筑工艺，分层下料，掌握好下料高度。对于大面积构件，要采用“赶浆法”或者“斜面分层”浇筑，保证混凝土均匀流动，最关键的一点就是加强对振捣环节的控制。对振捣工开展严格的上岗培训和技术交底，使其掌握振捣操作要点，管理人员务必要现场旁站监督，做到不漏振、不过振，特别是针对梁柱节点、墙角、预留洞口周边等容易出现蜂窝与孔洞的部位更要加强监管。最后还要保证模板拼缝严密，严禁漏浆。只有从这些关键环节入手，实施细致而全面的把控，才能最大限度防止蜂窝与孔洞的出现，从而保障混凝土的质量。

（二）疏松与夹杂的防治

疏松一般指混凝土结构中某部分的密实度明显低于正常状态，尽管没有出现明显的蜂窝现象，但是内部的孔隙率偏高，强度和抗渗性能都会下降。这种问题常常隐藏在构件内部，不容易被人看到，不过，通过敲打时发出的声音或者用无损检测手段就能找到。夹杂是指在混凝土里掺进了木块、泥土、塑料布、扎丝之类的外来物，这些物质和混凝土无法形成有效的黏结，在结构中形成了一个个孤立的脆弱点，将应力的传递路线切断，特别是在受拉区，成了引发裂缝的诱因。疏松和夹杂虽然表现形式不一样，但它们共有的危害就是破坏了混凝土材质的均匀性和整体性，给结构的长久安全和耐久性带来隐患，这些都是施工过程中必须要尽力避免的质量问题。

造成混凝土疏松的原因，与蜂窝、孔洞的成因有些相似，主要还是振捣环节出现了问题。欠振是造成疏松的最常见原因，也就是振捣时间不够，没有把混凝土内部的气泡和多余的水分全部排出。如果混凝土拌和物的和易性不好，保水性能差，运输和泵送过程中出现泌水、分层，就会造成上部浆体多、下部骨料多，上下不均，形成疏松结构。还有一些特殊位置，比如变截面处、预埋件密集区，因为空间小，振捣操作难，也容易因为振捣不充分而出现局部疏松。夹杂产生的原因比较简单，主要是因为模板清理不干净或者施工管理混乱，封模前没有把模板里的锯末、刨花、泥土等垃圾清理干净，或者在浇筑过程中，上部掉下来的杂物没有及时捞出来，都会造成夹杂。

要想预防混凝土疏松，就要从优化配合比和提升振捣工艺精细化着手。在设计配合比期间，要保证胶凝材料用量足够，砂率合适，可以适当加入引气剂或增稠剂，以此改善混凝土黏聚度和保水性能，防止离析和泌水现象产生。在浇筑施工过程中，一定要严格把控振捣质量，每个振捣点都要做到充分振捣，直到混凝土不再明显下沉，表面开始冒浆，而且要规划好振捣棒的移动路线，保证振捣范围有效搭接，杜绝出现振捣盲区。对于钢筋密集、振捣困难的地方，采用小直径的振捣棒，还要在模板外敲打，多管齐下，让混凝土填满每个角落。另外要控制好混凝土坍落度，严禁在现场随意加水，因为加水会导致混凝土的泌水和分层，这是造成混凝土疏松的主要原因。

预防夹杂问题的关键是强化施工过程中的精细化管理与工序交接的责任心。模板清理是第一道关卡。钢筋绑扎完成后、封模前，一定要组织专人对模板内进行一次彻底的清扫和冲洗，尤其是柱、墙根部等容易存留垃圾的死角。封模后，在浇筑口的模板上要预留清扫口或检查口，在浇筑前再做一次最后的检查和清理。在混凝土浇筑过程中，要加强对工作面周边环境的管理，防止施工人员无意中将手套、塑料袋等杂物掉入模板。同时要教育所有参与浇筑的人员，一旦发现有杂物掉入，要立刻停止下料，想办法把掉入的杂物捞出来，绝不能存在“混凝土一盖，什么也看不见”的侥幸心理。通过建立严格的工序验收制度，把模板清理当成混凝土浇筑之前必查的一项内容，明确责任到人，是杜绝夹杂的最有效的方法之一。

二、混凝土表观质量问题的成因与防治

（一）麻面与露筋现象的成因与防治

麻面和露筋属于常见的混凝土表观质量问题，两者一般不会直接危及结构的主要承载力，但严重恶化了结构的外观，给结构带来潜在的危害。麻面指的是混凝土构件表面对应的是很多个没有被水泥浆覆盖起来的小型凹坑，看起来十分粗糙，像长满麻点的皮肤，它主要是由模板表面和混凝土之间留存有无法排掉的小气泡而造成的。所谓“露筋”，亦即在工程实践中常见的“裸筋”现象，指混凝土构件中钢筋未被充分包裹，而局部外露于混凝土表面的质量缺陷。如果原本致密性良好的混凝土表面出现裂缝，成为外部的侵蚀源如水分、二氧化碳、氯离子等入侵的主要路径，就会导致钢筋生锈、结构寿命大大下降等严重后果。

产生麻面的原因有很多，主要是模板、混凝土拌合物和振捣工艺三方面。从模板来看，若模板表面粗糙、清理不干净或涂刷的隔离剂不均匀、质量不好，就会吸附气泡，脱模后形成麻面；模板拼缝不严、漏浆，也会造成表面砂浆流失，形成麻面。从混凝土拌合物来看，若和易性差、流动性不足或水泥浆含量低，气泡就不会在振捣时顺利排出。但最主要原因还是振捣不充分或振捣不当。振捣时，若振捣棒未接触模板内壁，或在模板附近振捣时间不足，附着在模板上的气泡就难以驱赶。一次下料过厚，也容易使下层混凝土中的气泡不能上浮排出。

露筋产生的原因是钢筋的保护层厚度没有得到保证。其原因有：钢筋在绑扎安装时发生位移，离模板太近；用于控制保护层厚度的垫块数量不够、放置不当或者在浇筑过程中掉落、破碎，失去定位作用；钢筋骨架本身的刚度不够，在施工人员踩踏或混凝土冲击下发生变形下沉。模板尺寸不准或胀模，使构件截面增大，原垫块不能保证保护层厚度。在构件的角部、边缘等处，由于应力集中、施工操作不便，容易出现露筋现象，应引起注意。

要想防治麻面和露筋，需要从多方面采取综合的预防措施。为防止麻面，要采用表面光洁、平整的模板，清除模板上的污垢，均匀涂刷高效能的模板隔离剂，保证混凝土拌和物具有良好的和易性，必要时可掺加引气剂，使混凝土中引入大量均匀、稳定的微小气泡，反而对提高外观有利。浇筑时应分层下料，控制好厚度，振捣时应做到“遍插”与“序列”，使振捣棒能均匀地作用于构件的每一个角落，特别是在模板附近应充分振捣，使气泡“振走”。要想防治露筋，就要从保证保护层厚度出发，要用强度合适、大小符合规定的定型化垫块，按照方案要求实施足量、均匀地放置，保证垫块和钢筋绑扎结实。还要加强对钢筋安装位置的检查验收，对于绑扎好的钢筋骨架也要做好成品保护工作，严禁随意踩踏。只有对这些施工细节严格把关，才能得到表面光洁、钢筋“深藏不露”的优质混凝土构件。

（二）掉角与缺棱的成因与修复

掉角与缺棱，指混凝土构件在拆模、运输、使用过程中，其边角、棱线部位出现局部破损、脱落，形成不规则的缺损。这种问题虽然不危及结构安全，但它却是施工工艺和管理水平最直接的“差评”，严重影响建筑物的观感质量，尤其对于清水混凝土、装饰混凝土等工程来说，掉角与缺棱更是不能接受的。掉角、缺棱主要原因是构件的边角部位既是应力集中区，又是混凝土最脆弱、最易受损的部位。若混凝土强度不足时提前拆模，或拆模方式粗暴，用大锤、撬棍硬砸猛撬，就会造成边角损坏；预制构件吊装、运输、堆放过程中的碰撞、摩擦，也会造成掉角、缺棱。掉角、缺棱的预防工作，主要依靠“养”和“拆”两个环节。“养”就是加强混凝土早期的养护，确保混凝土强度正常发展，只有当混凝土达到规范要求的拆模强度时，才可以拆模。特别是在冬季施工中，低温会延缓混凝土的硬化，应适当延长养护时间，以临近拆模的同条件养护试块强度报告为准，而不是单纯依据龄期。在设计方面，为了提高构件边角的抗损能力，可以在阳角处做倒角或圆角，通过构造来避免尖角。“拆”就是用科学文明的拆模方法。拆模应该按照事先确定的顺序进行，先拆掉非承重的侧模，再拆掉承重的底模。拆模的时候，先要松动、分开模板和混凝土，不能用蛮力。如果结构比较复杂，要在做模板的时候考虑怎么拆模，采用容易拆装的定型化、工具式的模板体系。

掉角、缺棱一旦出现，就要及时用相应的修复技术进行修复，修复工作要遵循

“修旧如旧”的原则，即修复后的部位在颜色、质感、强度、耐久性等方面，都要尽量与周围的原始混凝土保持一致。对于小的、深度小于 5mm 的缺损，可用专门的聚合物水泥砂浆修补。修补前，要把缺损处的松散颗粒凿掉，清理干净，用水充分湿润，再把调配好的砂浆填进去，用特制的阴阳角抹子压实、造型，让修复后的棱角线条顺直、清晰。如果尺寸较大、掉角比较深，则要采用细石混凝土来修补，也需要凿毛、清理、湿润这些基底处理，受力较大的地方，甚至要在缺损处钻孔，植入短钢筋，以此加强新旧混凝土的连接。之后支设小模板，采用比原混凝土高一级的微膨胀细石混凝土浇筑，精心养护。

修复技术的发展趋势是更加高效、更加美观、更加持久。现代修复工程中，采用的改性、高性能、专用的修复材料也越来越多。例如，环氧树脂砂浆有极高的粘接强度和力学性能，并且几乎不收缩，适合对重要的结构进行修复；聚氨酯、硅酮（聚硅氧烷）等弹性修复材料则适合用于需要一定的变形的部位；针对修复之后存在色差的问题，在修复材料之中添加适当的无机颜料进行调色也可以达到相应的效果，或者在修复之后对整个构件表面整体进行统一涂刷或喷涂清水混凝土保护剂，从而获得比较一致的表面效果；对于面积较大的表观，可以通过整体打磨、喷砂等工艺来进行处理，通过对混凝土表面的重新塑造，达到比较理想的视觉效果，这种精细化的修复技术，使得对于混凝土问题的处理，不再只是简单地“打补丁”，而是上升到了“表面修复美容”的层次。

第三章

砌体结构与装配式工程施工

第一节　砌体施工与质量控制

一、砌筑材料的性能与选控

（一）块体材料技术要求与进场检验标准

砌体工程的质量是由它所组成的每一块砖和每一方砌块的品质所决定的，所以对块体材料的技术性能要求和进场时的严格检查，就构成了施工质量控制的第一道关卡。以烧结普通砖为例，它的强度等级、抗风化能力、石灰爆裂、泛霜等都是项目管理中必须高度重视的指标。在中国北方严寒地带的一个大型居住区项目当中，项目组碰上了一个很棘手的问题，即当地的冬天又长又冷，温差特别大，这就给砖的抗冻融循环能力提出了非常苛刻的要求。在选材的时候，技术团队不但依照国家标准《烧结普通砖》（GB/T 5101）来对供货商送来的样品执行抗压强度和密度检测，而且把抗冻性试验当作一票否决的重要标准。通过模拟当地极端气候状况来执行反复冻融循环，最后选出那些能在数十次循环之后强度损失率和质量损失率都远远小于规范限定值的优良砖块。进场检验的时候，除了常规的尺寸偏差和外观质量逐批检查之外，项目组还在现场设置了一些快速检测点，用回弹仪对砖的强度作初步判断，按照规定频率把样品送到第三方实验室去重新检测，形成了一个从源头到现场的闭环式质量监督系统，为后面的砌筑工程耐久性和安全性提供了坚实的保障。

对于混凝土小型空心砌块、蒸压加气混凝土砌块等砌块类材料而言，它们的技术控制重点和实心砖有所差别，更多的是关注密度、干燥收缩值、热导率以及尺寸精确度等方面。在高层建筑填充墙工程中，虽然轻质且强度高的砌块可以减轻结构重量，改善抗震性能，不过它相对较高的干燥收缩率也带来了一些墙体开裂的风险。在华南地区某超高层综合体项目当中，设计方案大量使用了蒸压加气混凝土砌块当作隔墙材料，项目管理团队很清楚，要防止墙体收缩开裂，控制砌块的含水率是关键。于是他们从采购源头开始着手，在合同中对砌块出釜之后的静置养护时间做出了规定，还要求供应商给出详细的生产和养护记录。砌块运到现场以后，并不是马上投入应用，而是整齐地堆放于带有防雨顶棚且通风状况良好的专门场地内，经过长时间的自然晾晒，项目组又从外面引入了微波法含水率测定仪，针对每一车砌块在上墙之前开展随机抽查，保证其含水率处在规范许可的范围之内。这种细致的过程把控，把质量控制的触角扩展到材料的内部属性和状态，由被动的成品检测转变为积极的过程预控，从而大大减少了后期因为材料收缩变形而出现的质量通病现象。

一些追求独特建筑表情和文化内涵的工程里，清水墙砖、劈离砖、装饰混凝土砌块等特殊块体材料的应用愈发普遍，这就对材料的选控提出了美学与功能并重的双重标准。这些材料不仅要达到承载、围护等基本物理性能，它们的色泽、质感、肌理等要素更是形成建筑最终视觉效果的关键所在。某市博物馆新馆项目当中，外立面设计就使用了大面积的定制陶土劈离砖，目的是要体现出当地传统窑烧砖的那种古朴质感。项目组在前期碰到的最大麻烦就是，怎样才能保证数以万计的劈离砖在颜色和质感上符合设计的要求，而且要避免工业化生产所带来的呆板。项目经理带着技术和采购人员深入生产厂家，从陶土原料的配比、成型工艺一直到窑炉的温度曲线控制，全程参与样品的试制过程中。最终通过多次样品的比选封样确定出生产控制的标准，在项目组材料进场验收的时候，还特意在进场区设置了专门的对色区域，在自然光条件下和灯光光线下对每一批次砖进行对比，出现超过颜色差异的砖块都会被坚决退掉，这就是一种对建筑设计美学的细节以及质量把控上的极致追求，在最后呈现出来的就是一座厚重并且有强大生命力的博物馆建筑，这也是一种现代工程管理从规范到超越预期的价值升华。

（二）砌筑砂浆配制与施工控制

砌筑砂浆作为连接块体和传递应力的关键部分，性能的好坏直接决定着砌体的整体性以及耐久性。砂浆的构成要素里，水泥的选取和控制是根基，水泥的种类、强度等级、安定性以及凝结时间等核心指标，都要与设计需求及施工环境相符。一个发生在某个工业厂房基础工程里的例子就足以提醒人们，当时施工单位为了赶工期，误用了安定性不佳的硅酸盐水泥，刚开始的时候砂浆强度的发展还算正常，但等到砌体完工好几个月之后，墙体上便出现了不规则的网状裂缝，而且还在不断地扩大，经过专门机构检测鉴定之后，认定这是由于水泥中含有过量的游离氧化钙，在后期水化时体积膨胀造成的结果。这个事情后期处理复杂，影响工程交付，教训深刻。对于进场的水泥，仅看出厂合格证是不行的，应严格执行进场复验。对于安定性试验，虽然雷氏夹法或者沸煮法周期长，却是检验水泥后期是否有隐患的“试金石”。项目里，要建立原材料追溯体系，保证每批水泥来源都清楚，检测数据齐全。

砂作为砂浆的细骨料，其质量好坏对砂浆的和易性、强度、收缩性起着举足轻重的作用。天然砂的级配、含泥量、泥块含量及有害物质含量是现场质量控制的重点。理想的砂浆用砂应该是级配良好、质地坚硬、颗粒洁净的中砂，但实际工程中砂源很难控制。在某大型保障房社区项目中，由于集中供砂紧张，施工单位不得不从多个砂场购砂，造成砂的细度模数和含泥量变化较大。项目实验室技术员发现，用一些砂子配制的砂浆，保水性很差，工人施工手感发“涩”，而且硬化后强度离散性很大。面对这样的难题，项目部当机立断，投资建成了小型砂石水洗筛分一体机，所有进场原砂必须先水洗，去除多余的泥土、粉尘，再用不同孔径的筛网筛分，剔除过大过小的砂粒，最后将不同粒径的砂子拌和到一起，形成级配稳定的“人工混合砂”。虽然前期投入了一些资金，但是换来了整个项目的砂浆质量稳定，避免了由于砂浆质量引发的砌体空鼓、开裂等通病，后期的经济效益和社会效益远远大于前期的投资。

现代砂浆技术里，外加剂的合理利用可以明显改良砂浆的性能，不过需要先经过科学的选择和准确的掺量。砌筑砂浆里用到的外加剂包含保水增稠剂、早强剂、防冻剂等，它们同水泥、砂等组分有着复杂的关系。在市面上，一种值得留意的现象就是，那些“偏方”性质的外加剂充斥着市场，它们的成分不清楚，性能也不稳定，随便乱用的风险极大。在一次冬季施工的砌体工程当中，施工队为了省钱，就用了非正规厂家制造的复合型防冻早强剂，结果造成砌好的墙在短时间内出现了很严重的泛碱情况，白色的结晶物到处都是，破坏了美观，而且这些盐类结晶在砂浆孔隙里面形成的结晶压力，还对砂浆的长期强度和耐久性造成了威胁。此后，项目组对所有外加剂的使用均要通过实验室的相容性实验及试配确认，查明它给砂浆的工作性能、力学性能及耐久性带来的影响，形成规范化的配合比，而且还要严格把控施工现场的用水情况，绝不能用来源不明的河水或井水，尤其是含有硫酸盐或氯化物过量的水，因为这些有害的离子会参与化学反应，既会破坏钢筋，又会导致砂浆发生劣变。

二、施工过程质量监控与验收

（一）施工准备与技术交底

施工方案完备，就是砌体工程能顺利推进的蓝图，它编写的深浅宽窄，直接体现着项目管理的专业水平。一份高质量的施工方案，除了包含常规的施工方法、工艺流程、质量标准之外，还要深入分析现场的特别之处，制定应对策略。以在城市核心区域进行改造为例，区域小，垂直运输手段受限制，材料怎么运进来、堆放在哪里就成了影响工效的“卡脖子”问题。首先就要对材料进场的时间、转运的路线、楼层内部分散堆场的安排等进行细致规划，甚至要用BIM技术来做动态模拟，找寻最合适的物流组织办法。其次是劳动力组织，针对不同类型的砌体（承重墙、填充墙、清水墙）对工种技能要求的不同，合理安排班组，明确岗位职责，建立相应的激励考核机制，是提高施工质量与效率的保障。

技术交底的好坏直接决定着施工质量是否达标。以前的口头交底或者简单的书面交底，常常由于信息传递衰减和理解偏差而大打折扣，现在的工程管理越来越看重交底的可视化、标准化和可追踪性，推行“样板引路”制度，也就是在正式大面积施工之前，选出一些有代表性的部位，由技术骨干和优秀工人联手，创造出一个工艺水平很高的“实体样板”。这是一种非常有效的交底办法，这个样板墙既能清楚地表现出全部技术细节，又能成为后面全部施工班组的参照标准和验收尺度。在某高品质住宅项目上，项目组对于每一个户型的隔墙砌筑都做了样板，而且组织所有砌筑工人和管理人员去观摩学习，扫描样板上的二维码还能随时查看相关技术规范、操作视频、质量验收标准等内容，这种沉浸式的交底方式把抽象的技术要求变成了具体的实体，让交底更有穿透力和执行力。

施工前的测量放线、皮数杆的设置，是砌体准确、横平竖直的准绳。这看似简单的活，实际上对操作的精确度和复核的严谨性要求极高。放线时要按设计图纸和建筑总控制网，用全站仪等精密仪器把墙体轴线和边线精准投射到作业面上，还要对转角、门窗洞口等重要部位重点标记。皮数杆是控制砌体竖向尺寸的“标杆”，制作和竖立时也不能马虎，杆上要清楚标明砖皮层数、灰缝厚度以及窗台、门楣、圈梁、楼板等构件的标高。在某复杂多层砌体结构项目中，因为楼层较多，层高不同，项目组采用激光扫平仪加自制的数字化皮数杆，保证了各楼层间标高的正确传递，杜绝了累积误差的产生，将传统的砌筑工艺与现代测绘技术相结合，为砌体工程的几何精度控制提供了保障，从根本上杜绝了墙体偏位、不垂直等质量通病。

（二）砌筑过程的动态控制

砌筑过程中的巡视、旁站是实现动态质量控制的关键，这要求质量管理人员深入一线，在施工过程中发现问题，而不是事后检查。质量管理人员巡视的重点是那些最容易出错的环节，如砌块在砌筑前是否湿润恰当，铺浆长度和厚度是否达到“三一砌砖法”要求，竖缝的砂浆是否填满，拉结钢筋是否按照要求设置以及是否弯曲。在某大型公共建筑的填充墙施工中，项目部执行“网格化”管理，把全部的砌筑作业面分割成很多责任区，每一区块都有质量员和施工班组长双责。质量员拿着装有质量检查表格的平板，对负责的区域不停地巡查，发现问题就拍张照片上传，系统自动把整改通知发到班组长的手机上，这样就形成了“发现问题 - 派单 - 整改 - 复核”的循环。这种即时性的监控方式，改变了以前那种迟缓的管理方式，质量控制变得更主动、更及时一些。

砂浆稠度与保水性的现场快速检测，是保证砌筑砂浆工作性能稳定的必要环节。砂浆拌和物的性能会随着时间推移和环境温湿度变化而发生变化，实验室配合比设计很难涵盖现场复杂工况，所以现场管理人员需掌握一些简单易行的检测手段，对砂浆质量实施随机抽查。砂浆稠度一般用稠度仪测定，以沉入量表示其流动性；保水性可用分层度试验评判。一次夏季高温施工期间，该工地砌筑工人普遍感觉砂浆“干得快”，黏结力变差。现场技术员马上对拌和站送来的砂浆展开抽检，发现砂浆稠度过大，分层泌水现象严重。通过追查，原来是运输时阳光暴晒，气温又高，致使砂浆水分大量蒸发造成的。项目部便改变了砂浆的运送方法，采用带有遮盖的车辆运送，而且稍稍加大了砂浆里的保水增稠剂掺量，还要求现场施工的时候随时搅拌随时使用，因此很快就解决了问题。这种依靠现场反馈、迅速检测并做出调整的做法，体现出精细化管理的灵活应变能力。

对砌体平整度、垂直度、灰缝厚薄这些关键几何参数的及时测量校正，是保证墙体外观与结构性能达标的重要手段。传统的吊线、托线板、靠尺等工具依然是砌筑工人自我检查校正的有效武器。一个出色的砌筑班组，会在砌上几块砖之后，就主动开展一次全面的自检自校，确保墙面“线要通、角要方”。科技的进步使激光技术在砌体施工中得到广泛应用，激光扫平仪能够投射出精准的水平和垂直基准线，为大面积墙体的砌筑提供了高效的参照。在某清水墙工程里，因为墙面平整度和灰缝均匀度的要求非常高，所以项目组给每个班组都配发了便携式激光标线仪，工人砌筑的时候可以随时参照激光线来调整砖块的位置，保证每一皮砖、每一条缝都处在同一个平面或同一条直线上。这种科技手段的应用，既减轻了工人凭借经验判断的工作负担，又把砌体的施工精度提升到了一个新的水平，为创建精品工程提供了强有力的科技支撑。

第二节 装配式工程中结构预制构件吊装施工

一、吊装方案的编制与设备选型

（一）吊装方案关键技术参数的核算

吊装方案的编制属于一项系统工程，它的起点就是对吊装对象即预制构件属性的全面剖析，还有对作业环境的准确评估，构件的几何尺寸、重量、重心位置、吊点数量及其布局情况都是方案设计最基础的数据来源。以城市立交桥建造过程中常出现的预制箱梁吊装为例，一榀箱梁动辄几十上百吨重，外形不规则而且重心偏高，吊装过程中的稳定性控制成了首要难题。编制方案时，不仅要按照设计图纸准确计算出梁体的重量，还要按照相关吊装规范，加上一定的动载系数和不均衡系数，得出最终的起吊重量。更为麻烦的是还要考虑环境因素，涉及吊装现场的地形地貌、地基承载能力、空中净高限制、周边已经建成或者正在建造的建筑、高压线等。某沿海大桥引桥施工期间，吊装队伍既要面对狭窄的作业场地，又要随时留意潮汐波动给地基造成的扰动，更要警惕海洋性气候带来的突发性强风。方案中专门制定了气象监控预案，详细列出了各类风力等级对应的作业限制条件，在梁体上设置临时缆风绳等办法也被采用，以此抵抗侧向风荷载的干扰，这种对环境参数细枝末节的分析与预控，是吊装作业得以顺利开展的前提。

起重机械选型及站位规划是实现吊装方案技术的关键。起重机的关键性能参数，如额定起重量、最大起重力矩、工作幅度和起升高度，必须与构件的重量、吊装半径以及最后的安装标高完全契合，还要预留足够的安全余地。在现代装配式建筑项目里，特别是在建筑密度非常大的城市中心地带，怎样在狭小的空间内把起重设备的功效发挥到最大，这是对项目管理者智慧的一种考验。在某核心商务区的装配式钢结构办公楼项目上，场地被三面的既有建筑包围起来，大型的履带式起重机无法进入，项目组经过多种方案对比和三维动态模拟之后，才决定用一台大型的动臂式塔式起重机，通过加强其基础的设计，并且仔细规划它在建筑物核心筒上的附着点，这样就能充分发挥它的强大起重能力以及灵活的动臂作业特性。起重机站位这一点的挑选更是差之毫厘，谬以千里，技术人员要依靠专业的吊装计算软件，把全部构件的吊装途径都纳入考量，找寻到那个既能兼顾全部作业范围，又能避开地下复杂的管网，并且符合地耐力要求的最佳平衡点。这个过程不只是冰冷的数据计算，更是一种将现场情况考虑在内的优化决策，它直接决定着整个吊装作业的效率、成本以及安全。

把起重机和构件连起来的吊索具系统，是整个吊装作业中承载生命和财产安全的“纤细命脉”。它的设计计算和安全校核务必执行最严格的准则，依照预制构件的重量、外形特征以及吊点的分布状况，科学地选定钢丝绳的规格、吊钩的吨位、卸扣的型号，有时候甚至要专门设计并制作专用的吊具或吊装平台。钢丝绳的破断拉力是它被选用时的基本参照，然而，在实际的计算中，还要考虑钢丝绳的穿绕方式、与水平面形成的夹角等要素给承载力带来的折减。规范里清楚地表明，吊索与水平面形成的夹角不宜小于45°，最佳状态是60°，因为太小的夹角会使吊索的内力呈几何级数增长，很容易造成过载断裂。在某体育场馆大跨度屋盖桁架整体提升工程里，因为桁架结构繁杂，吊点很多，所以要保证各个吊点受力均衡，因此采用液压同步提升技术，给每个吊点都安排了一个单独的荷载传感器，通过中央控制系统随时观测并调节各个吊点的拉力，而且针对所用的每根钢丝绳，每个连接件都做了严格的无损探伤检查，还要保证安全系数远远高于一般构件吊装的安全标准。虽然这种对吊索具系统的精细管理及冗余设计，看上去很麻烦，但却是应对极限吊装任务时把危险降到最低的唯一办法。

（二）吊装工艺流程与方法选择

吊装方法的选择，好比战场上兵种的选用，要依据“敌情”（即构件的特征）和“地形”（即现场的条件）灵活应对。单机吊装因其高效又经济而成为常规构件安装的首选，而针对长大、沉重或者外形特别的构件，则必须动用双机抬吊的协同作战模式，这时两台起重机之间的同步性控制就成为关键，即使一点点高度差或者水平位移差，也都有可能造成荷载分配的急剧变动，从而给设备和构件的安全带来威胁。更宏大的场面就是整体提升或者整体滑移技术，这种技术常常被用于处理大跨度屋盖、巨型设备之类的对象，它把高空作业尽可能多地移到了地面，实质上就是利用自身结构去完成安装，而非直接吊装。某大型会展中心的拱形钢屋盖施工时，项目组摒弃了高空散拼的常规做法，在地面把数千吨的钢结构拼装起来之后，依靠计算机操控的液压千斤顶群，历时数日把它稳稳地提升到位，这种工艺的选择，既明显提升了施工的安全性，又保障了复杂结构体系在高精度要求下的安装质量，这是现代吊装技术集成化、智能化发展的一个鲜活例子。吊装顺序的排布，不是一个简单的先后问题，而是一门结构稳定、空间利用、时间利用的艺术。在进行多层或高层装配式建筑吊装时，合理的吊装流向和安装顺序，会形成流水作业，避免构件的二次倒运和起重机的反复移动。在某预制混凝土（PC）结构住宅项目中，吊装顺序就被精心地安排为“先核心筒、由内到外、由下到上”。首先施工的核心筒，是之后构件安装的基准，也是塔吊附着和施工人员垂直交通的核心。其次每层的构件都是按照“柱、梁、板”的顺序，以环形或分区的方式进行安装，每一个吊装循环都环环相扣，等待的时间被压缩到了极致。利用BIM技术进行三维建造模拟与优化，使施工部署从二维平面升级到了四维时空，让错综复杂的穿插变得有条不紊，构件在工厂的生产、现场的堆放和最终的吊装之间形成了一个无缝衔接的“准时制”供应链，把工业化建造的效率优势发挥到了极致。

吊装路径的规划，就是在三维空间里给重物开辟一条绝对安全的“空中走廊”，这条走廊的边界既要避开所有永久的和临时的障碍物，也要考虑构件在空中摆动的范围，在越来越拥挤的城市里，吊装路径的规划成为非常困难的多方协调任务。在某个医院的扩建项目中，新建造的住院大楼挨着正在使用的旧楼，吊装作业要在不影响医院正常运转的情况下开展，项目组用无人机倾斜摄影和激光扫描，创建起精确的现场三维实景模型。在此基础上，对每一种构件的吊装路径都一一模拟并加以优化，保证吊臂回转、构件运行时，始终与旧楼、高压线、交通要道等敏感点保持足够的安全距离。为了万无一失，对吊装作业时间窗口也做了严格限定，最终选在了夜间或者周末人流、车流最少的时段，且提前与医院、交通管理部门等进行详尽沟通与协调，这种精细到厘米级、协同到各部门的路径规划，正是现代工程项目管理面对复杂环境、履行社会责任的必然要求。

二、吊装作业现场实施与指挥

（一）现场条件复核与准备

吊装作业展开，从方案所依托的现场状况再次被确认开始，是从“纸上谈兵”到“实战演练”前的最后检阅，复核内容必须精细入微，起重机站位点、地基承载能力包含在内，查阅原始地勘报告是必不可少的步骤，必要时甚至要开展现场静载试验，保证地面能够承受起重机作业期间所产生的巨大集中荷载。吊装通道净空情况同样属于复核重点，实际测量并清除吊装路径上一切可能入侵的临时设施、新生树木枝干。某老城区改造项目里，地下管线资料不清楚，项目部在起重机站位之前，动用探地雷达做全面扫描，避开了一条没有在图纸上显示的老煤气管道，免除了一起可能的重大事故。这种对现场条件的谨慎复核，就像外科手术之前的精准定位，是保证后面操作万无一失的根基。

作业前的准备工作是保证吊装安全与效率的关键，对所有参加作业的人员进行一次全面且有针对性的安全技术交底，使他们清楚知道自己的作业位置、工作职责、指挥信号以及存在的危险。起重机、索具这些设备的状态检查也非常重要，要由专门人员对设备的制动系统、安全限位装置、钢丝绳的磨损状况等进行全面检查并做好记录。在某桥梁工程的钢箱梁吊装前一天晚上，检查人员注意到主吊所用的一根重要钢丝绳上存在几处难以察觉的压痕损伤，项目经理立刻决定暂停吊装计划，连夜从附近城市调运新的钢丝绳前来替换。这个看起来像是延误工期的决定，其实是在为整个吊装作业排除一个致命的隐患。现场的警戒区域要划分清楚，还要有醒目的标识，不能随便让无关人员进入，吊装作业应在一个干净又受控的环境里进行。

构件进场及绑扎，是吊装作业的第一步，其质量好坏直接影响到空中姿态的稳定性。构件到场之后，要仔细核对构件的编号、尺寸、外观质量，特别是预埋吊环或吊点的完好情况，绑扎点的选择务必依照设计或方案的要求，保证起吊后构件的重心处在吊钩的正下方，这样才能维持其平衡。司索工的操作技能在这一环节里显得尤为重要，他们要按照构件的棱角形状，在钢丝绳和构件接触的地方设置适宜的保护垫木，避免钢丝绳遭到损伤或者构件被勒伤。吊装一片异形预制看台板的时候，因为它的重心偏离了几何中心，所以司索人员经过多次调节四根吊索的长短，再加上对配重做微调，才使它在起吊后依然保持着完美的水平姿态，这种对细节的精准把控和丰富的操作经验，正是保证构件平稳、安全地离开地面的关键所在。

（二）试吊与正式起吊指挥

试吊算是正式起吊之前的“彩排”，是检验整个吊装系统匹配性和可靠性的关键一步。试吊过程一般分为两步：首先将构件吊起 20 ～ 30cm 然后悬停，看起重机是否稳当，索具是否受力，构件是否得绑扎牢固又平衡；这时大家全部要撤离到安全区域，只有起重指挥和安全总监才能靠近观察；其次确认没有问题之后，就把构件吊起得更高一些，做小范围的回转、变幅等动作，模仿真实的吊装路线。在一次大型设备吊装过程中，试吊的时候发现有一根吊索的受力比其他的明显要大很多，经过检查发现是由于构件内部设备配重不均导致重心偏移，技术团队立即停止作业，重新计算重心，并调整吊点位置，避免了在正式吊装过程中发生构件倾覆的危险。试吊是对设备和方案的检验，也是对指挥系统和操作团队应急反应能力的一次实战演练，其重要性不容忽视。

起吊指挥是整个吊装作业的“神经中枢”，指挥信号要准确、清晰、统一，这是所有动作协调一致的基础。指挥人员必须由经验丰富、头脑清醒、责任心强的专人担任，而且在整个作业过程中不能更换，以免造成混乱。指挥信号要按照国家标准规定的手势信号，配合哨声或无线电通信设备。如果是在噪声极大或者视线受阻的环境中，那么必须依靠可靠的对讲机系统，并且事先约定好简单明了的指令术语。一次双机抬吊作业，由于两台起重机操作手看不见彼此，总指挥利用两个单独的通信频道分别给两位操作手下达指令，还安排了一个副指挥站在高处，随时观察全局，向总指挥汇报两机协同状况。这样多层次、多角度的指挥，很好地解决了复杂协同作业的信息传递问题，使得“双龙戏珠”的配合十分精准。

正式起吊的过程，讲究的就是一个“稳”字，所有的动作都要平缓、连续，不能出现猛然起落、紧急刹车的情况，否则会加大构件和起重设备的冲击力度。起重机操作手要全神贯注，严格按照指挥信号行事，做到“令行禁止”。构件离开地面之后，地面人员就要用牵引绳来控制它的姿态，避免它在空中旋转或者大幅度摆动，特别是在风力比较大的天气情况下。构件在空中运行的时候，指挥人员的眼睛一定要紧紧盯着构件，时刻注意它和周围障碍物之间的距离。当构件快要接近安装位置上方的时候，起升和回转的速度就要逐渐放慢，为后面的精确就位留出时间。这个过程看起来风平浪静，实际上是对整个团队默契度和专业素质的一种考验，每一次平稳的起吊，都是无数次精心准备和严格执行的结果。

第三节　装配式工程施工设计与管理

一、深化设计与信息模型应用

（一）构件拆分与连接节点设计

预制构件拆分是一门艺术，其原则的确立直接影响项目经济性和可实施性。深化设计师需像精明的棋手一样，考虑生产、运输、吊装、结构性能等诸多因素，在建筑“棋盘”上落下一个最优的“子”，而运输条件是最优先的硬性约束，构件最大外廓尺寸和重量要适应公路的限高限宽及运输车辆的额定载重，这就限定了构件划分的“天花板”，工厂的生产能力，如模台尺寸、生产线工艺流程，成为拆分的现实基础。现场的吊装能力，尤其是塔吊在不同幅度的起重力矩，是决定构件重量上限的关键变量。在采用复杂几何双曲面围护系统的剧院项目中，设计团队运用参数化建模技术，通过数学函数变量处理实现了复杂曲面的系统化控制。这种技术不仅优化了曲面造型，还通过运输路径模拟和虚拟吊装分析解决了实际建造中的力学与施工问题。

连接节点是装配式结构的“关节”，设计得成功与否直接影响到建筑的“骨骼”是否足够强大。节点设计既要符合结构工程师对于传力安全、变形幅度小以及抗灾能力好的严苛标准，还要兼顾现场安装简便且允许犯一点小错。干式连接凭借快速施工且不受天气制约，受到高层钢结构工程的青睐，但它对零件本身的制作精确度和安装精准度有着极其严苛的要求；而湿式方法如套筒灌浆，则依靠后期填充材料的整体状态给予结构更好的性能表现，并且有一定的误差调整余地，只是这种办法在建造技术和护理时间上有更多要求。在某个高烈度地区建造装配式住宅的时候，设计人员在底层加强区的框架节点里，新奇地选用钢筋约束浆锚搭接这种混合连接方法，这个节点在设计中充分发挥了浆锚搭接传力明确的优势，又靠外面的约束钢筋改良了节点抗震耗能的性能，在构造上留足了调整的空间，使现场的安装变得既快又准，这是结构性能和施工方便完美结合的典范。

节点设计的标准化与模数化，是装配式建筑从“项目定制”走向“产品平台”的必经之路，通过对建筑中常见的梁柱节点、墙墙节点、梁板节点进行归纳和类型化，形成一套标准化的节点“族库”，可以大大提高设计效率，降低生产模具的成本，简化现场施工操作。标准化思想不是要扼杀建筑的多样性，而是把复杂性拆解，以标准化的连接方式为基础，从而实现构件形态的多样化。在某大型长租公寓连锁品牌的开发过程中，其研发部门联合设计院，开发出一套适合不同开间、进深户型的标准化预制构件和节点体系，在全国不同城市项目的开发过程中，可以迅速完成设计组合和生产采购，形成规模效应，缩短开发周期，控制建造成本。这种从“造房子”到“造产品”的思维转变，本质就是连接节点的标准化。

（二）BIM 模型构建与协同管理

BIM 模型在装配式建筑中的应用，已经从可选项变成了贯穿项目全生命周期的核心数据平台。一个高精度的模型，从设计的源头开始就有着极高的价值，通过建立包含几何信息、物理信息、规则信息的多维度模型，实现了建筑、结构、机电等多专业的可视化协同设计。而模型的精细度（LOD）是衡量其可用性的重要标准，对于装配式建筑而言，其模型深度要达到能够指导工厂生产的 LOD400，也就是说模型中每一个预制构件都是包含着准确尺寸、材质、钢筋排布、预埋件位置等信息的“数字构件”。在某医院装配式项目中，BIM 团队在设计阶段就把所有的专业模型整合起来，做了上千次的碰撞检测，提前解决了很多管线和结构构件之间的冲突，避免了在工厂预制或者现场安装的时候要花费很多钱去返工。

BIM 充当了设计端和制造端之间的数字桥梁，它可以把设计师的想法毫无损伤地传达到工厂的自动化流水线上，借助从模型里直接获取构件的加工数据，就可以推动数控钢筋弯箍机、激光切割机等设备自动开展精确化生产。而且关键的是，BIM 与工厂的 MES（制造执行系统）融合以后，可以做到生产计划的动态安排、物料的精准配送以及生产进程的即时追踪。在某个预制构件厂里面，每一个模台旁边都有显示终端，工人只要扫一下构件上的二维码，就能在屏幕上看见它的三维模型、钢筋布局图以及质量要求，从而有效地降低了图纸被错读的概率。而且构件生产的每个重要环节，比如钢筋绑扎完毕、预埋件安装就位，都会被扫码记录下来，这些信息会马上传到云端的BIM平台，这样就能让项目各方远距离查看生产质量及进度，做到了对制造过程的透明化管理。

在施工现场，BIM的价值在于对“时”与“空”的四维精准管控，把进度计划与三维模型关联起来，就能做4D施工模拟，把整个建筑的“生长过程”看得一清二楚，从而确定吊装顺序、规划材料堆场和安排劳动力。安装工人手握带有BIM的平板电脑，就像长出了“透视眼”，能清楚地看到构件的准确安装位置，看到构件的连接节点内部结构，甚至还能用增强现实（AR）技术，把虚拟模型和现实场景1∶1叠加起来，做安装指导和质量验收。在某钢结构场馆安装过程中，项目部采用BIM对每个桁架吊装路径及就位姿态进行精确到秒的模拟，并将模拟动画作为吊装团队的交底教材。以模型为载体的精细化管理，将传统依靠经验的现场施工转变为可预演、可量测、可追溯的数字建造过程。

二、预制构件的生产与运输管理

（一）生产工艺与质量控制

预制构件的质量之旅，从一套高精度模具开始。在现代化预制工厂里，大量使用的钢模台座，平整度要达到毫米级别，所有的边模、角模都是通过精密的机械加工制作而成的，以保证构件边缘挺直、角度精准。对于那些有特殊造型的异形构件，则需要使用数控机床来加工制作模具。在某音乐厅建设过程中，其外墙曲面板采用玻璃纤维增强混凝土（GRC）材料进行生产与制作。工厂用五轴联动机床，依照BIM刻出泡沫塑料模胎，再翻制成玻璃钢生产模具，每一块曲面板的复杂形状都被准确无误地复制出来。模具质量控制不只是制造过程中的事，更重要的是使用过程中怎么维护清理，任何残存的混凝土硬块或者脱模剂涂抹不均匀，都会在构件表面留下无法抹去的痕迹。

混凝土是预制构件的主体材料，其配合比设计及生产过程控制是质量管理的重点，工厂化生产环境为高性能混凝土的稳定生产提供了得天独厚的条件，自动化的计量和搅拌系统能精确控制水、水泥、砂、石、外加剂等每种组分的投料量，从而保证混凝土工作性能和强度的一致性。蒸汽养护是加快混凝土硬化、提高模具周转率的重要环节，养护制度（静停时间、升温速度、恒温温度与时间、降温速度）的合理制定并严格执行，对构件的早期强度、后期耐久性及表面是否存在温差裂缝有直接影响。一个管理先进的预制构件厂，它的质量实验室会针对每一批次进场的原材料展开严格的检测，对于生产流程中的混凝土拌和物性能实施即时的监管，而且对养护过程中温度与湿度的变化曲线进行全程记录，从而形成一套完整的数据链路，保证每个构件的内在品质都能够被控制住，可以追溯。

钢筋骨架的制作以及预埋件的定位精度，是保障构件结构性能和连接可靠性的基础，在预制工厂里，钢筋的加工已经大量使用自动化的钢筋桁架焊接生产线、滚焊机、数控弯箍机等设备，这样既提高了生产效率，又保证了钢筋骨架尺寸的准确性。预埋件（如吊装吊环、连接套筒、预埋钢板等）在模具里的定位精度要求非常高，哪怕有一点点偏位，都会导致现场安装失败。于是，工厂大多用激光定位技术或者做专门的定位胎架，这样才能保证每个预埋件的空间坐标都与设计模型完全一样。在一次质量巡检的时候，质量管理员发现一批预制梁的梁端预埋钢板位置存在系统性的偏移，经过追踪之后才知晓，原来是因为定位胎架上的一个限位块发生松动。这件事表明，在重视自动化生产的同时，对于工艺装备的定期检定和保养也是必不可少的质量保障环节。

（二）构件的标识、堆放与养护

清晰、唯一的构件标识是它在庞大建筑系统里有序流转的“身份证”。现代预制工厂大多采用带二维码的电子标签系统，小小一张标签背后连着一个大数据库，扫一下二维码，就能立刻知晓这个构件的所有信息，包括它的所属项目、楼栋、楼层、轴线位置、生产日期、重量、尺寸，甚至包含 BIM 链接、质量检验记录等信息。这种智能标识体系，使构件从出厂到运输、进场验收、现场吊装的每个环节都能被精准识别并追踪。某个大型保障房项目中，数万块墙板凭借这套标识系统做到了“零差错”进场安装，项目管理者通过移动终端随时掌握每块构件的“行踪”和状态，物流管理效率和准确度大大提升。

科学的堆放是成品保护的重要一环，不正确的堆放方式很容易造成构件在储存过程中发生变形、开裂、破损。堆放的原则是“安全、稳定、便于存取、减少变形”，对于预制墙板、叠合板等板式构件，一般采用立放方式，使用专门的 A 形或 L 形存放架，构件的支撑点要设置在设计确定的承力点上，支撑点下方必须垫实找平。对于预制梁、柱等线形构件，一般采用平放堆叠的方式，但层与层之间必须垫放垫木，而且上下层的垫木必须在同一条垂线上，这样才可以保证荷载有效地传递，防止构件因为自重而产生过大的弯矩。在某个外墙装饰板项目里，因为场地有限，施工单位就把一些薄壁板材直接平放在不太平整的地面上，结果这些板材受力不均匀，就出现了肉眼看不见的小裂缝，在安装之后的一次热胀冷缩过程中，裂缝迅速变大，出现了比较严重的问题。

构件在出厂前的自然养护，是其长期性能稳定的重要保证。蒸汽养护虽然能使构件在短时间内达到出厂强度，但混凝土内部的水化反应仍在继续，其干燥收缩和徐变变形也主要发生在这个阶段。如果构件没有得到充分养护就直接上墙安装，那么这些后期产生的变形会在结构中形成很大的约束应力，成为墙体开裂的主要原因。规范要求预制构件出厂后要有一定的存放和养护时间，使性能趋于稳定。管理良好的堆场，会按照构件的生产日期进行分区管理，执行“先进先出”的原则，定期喷水养护，为构件提供一个湿度适宜的环境，以减少构件的收缩变形。在项目管理中，构件的养护龄期应该是一个强制性的验收指标，在合同中明确约定，从供应链源头控制这个质量风险。

第四节　砌体工程与装配式工程常见质量问题

一、砌体工程常见质量问题

（一）墙体裂缝的成因与类型

温度变化和材料干缩是造成墙体非结构性裂缝最普遍的原因。砌体及砌体外侧抹灰层是热的不良导体，当受到阳光照射或温度骤变时，砌体内表和外表之间会产生很大的温差应力，当这种应力大于材料的抗拉强度时，就会产生表面不规则的网状裂缝。更常见的是由材料本身物理性质引起的收缩裂缝，尤其是蒸压加气混凝土砌块等轻质墙材，干燥收缩率较大，如果在上墙前含水率控制不好，或者砌筑墙体过快，后期水分蒸发过程中的体积收缩受到约束，那么就会在墙体中产生斜向或竖向的裂缝。防治这种裂缝的关键是“控”与“放”，一方面要严格控制砌块上墙含水率，对新砌墙体实施一定的保湿养护；另一方面要在墙体过长或与其他结构交接处设置构造柱或控制缝，主动地释放和引导收缩应力。

结构变形是造成墙体结构性裂缝的主要因素，这种裂缝往往是贯通的，而且宽度比较大，会对建筑物的安全造成直接的威胁。最典型的就是地基出现不均匀沉降，造成墙体中存在剪切应力，从而形成从上到下、从宽到窄的“八”字形或者倒“八”字形的斜裂缝。还有一种常见的现象就是框架结构中，由于梁板的挠度变形过大，对下部的填充墙施加了竖向压力，使墙体顶部出现了水平裂缝，或者是在墙体中部出现了受压而形成的斜裂缝。防治此类裂缝的关键是设计和施工两个阶段的共同控制，设计上应确保地基处理方案的可靠性和主体结构的刚度，施工上应确保填充墙的砌筑应在主体结构变形基本稳定后方可进行。墙体砌到梁底或板底时，必须留出一定的空隙，待间隔一段时间后再用侧砖或细石混凝土斜砌挤紧，从而为结构的沉降变形留下缓冲余地。

施工质量低劣是产生各种裂缝的直接原因，它使本来具有一定抵抗能力的墙体变得非常脆弱，砂浆强度不够或者饱满度差，就会造成块体之间不能形成有效的整体，在外力的作用下，墙体很容易沿着灰缝开裂。如果墙体里预先埋设的拉结钢筋、构造柱等抗裂构造，在施工时被漏掉，或者位置放错了，又或者施工质量不过关，那么墙体抵抗变形的能力就会大大降低。而且在墙体上任意开槽、开洞，尤其是水平方向的长距离开槽，会严重破坏墙体的有效截面，造成应力集中，从而引发裂缝。因此，要想减少施工源性裂缝的发生，就要在施工过程中加强质量控制，保证每一项工序都能按照规范和设计要求去做，实行工艺样板制度，给工人进行系统的技能培训和技术交底。

（二）灰缝不饱满与强度不足

灰缝砂浆不饱满是砌体工程里最普遍、最容易被忽视的一种质量通病，其直接原因就是工人操作手法不正确以及对质量标准不重视。有些工人为了图快，用大面积铺浆法或只砌外侧灰缝的方法，导致水平灰缝的内侧和竖向灰缝出现空洞问题。砌体的有效受力面积就大幅度减少，应力不能均匀地传递下去，墙体的抗压和抗剪强度就会发生灾难性的下降，并且不饱满的灰缝就是雨水渗入的直接通道，这使得墙体的防水性、保温性大打折扣。要想根治这个顽疾，就要从改变操作习惯开始，强制推行“三一砌砖法”，并配备铺灰器来保证铺浆的厚度。从管理层面来讲，要加强抽检的频率和力度，使用凿开查看、红外热像检测等方法，对于那些弄虚作假的行为，一定要采取“零容忍”的惩罚措施。

砌筑砂浆的实际强度达不到要求是动摇砌体结构安全的大事，其原因有很多，涉及砂浆生产的全过程。从原材料来看，用了过期或者安定性不符合要求的水泥，砂的含泥量太高，这些都会使砂浆强度从一开始就存在问题。配合比方面，现场搅拌的时候计量不准，尤其是用水量随意性很大，也是造成砂浆强度不稳定的主要因素。砂浆拌和不均匀，使用时间过长，超过了初凝时间，砌体完成后养护不当，都会影响水泥水化反应的正常进行，进而影响砂浆的强度。要想从根本上解决这个问题，最好的办法就是大力推行工厂化生产的预拌砂浆，这样就能从源头上保证配合比准确无误，原材料质量稳定可靠。在现场搅拌不可避免的时候，一定要配备自动计量设备，并且对操作工人进行培训，还要加强砂浆试块的制作、养护和送检管理。

有一个值得注意的案例，某个工程交付之后不久，一些卫生间的隔墙就出现了严重的瓷砖掉落和墙体渗漏情况，通过现场取样检测，墙体砌筑砂浆的强度不到设计值的一半，而且砂浆内部疏松多孔，项目部马上做了全面的质量倒查，最后把问题的根源归结到施工单位违法使用了一堆被污染的海砂。海砂里过多的氯离子不但严重侵蚀墙里的钢筋网片，而且遏制水泥的水化进程，造成了砂浆强度急剧下降，孔隙率增多。这件事表明项目在原材料进场检查工序存在很大的纰漏，而且它提醒我们，对于像砂浆这样看上去很简单的材料，其质量控制链条上的任何一个薄弱之处，日后也许会引发严重的工程质量事故，产生无法预料的经济损失和社会影响。

二、装配式安装工程常见质量问题

（一）构件破损与外观瑕疵

预制构件从生产线出厂到最终安装位置是一段漫长的过程，在这期间，它棱角的完整以及表面的光洁度一直承受着严峻的考验。运输途中的颠簸、吊装时的轻微碰撞、堆放时的不当支撑等，都很容易造成构件出现边角磕碰和掉渣现象，尤其是像装饰混凝土外墙板这样的对外观要求极高的构件，表面的划痕和擦伤更是常见问题，这些损伤大多不会影响结构安全，却破坏了建筑的美感。要防止出现这种情况，就要创建起涵盖全流程的细致化成品保护体系。针对构件的运输与安装环节，应设计专用的运输台架与吊具，并在构件易受损部位加设柔性保护层，以有效降低运输及吊装过程中产生的破损风险。

生产环节产生的外观瑕疵就显得更加系统化和隐秘了：混凝土构件表面出现的气泡、麻面等问题，往往与混凝土的配合比、振捣工艺及脱模剂的使用相关联；色差是清水混凝土构件最难以把控的地方；水泥、砂、石等原材料哪怕只是批次间的细微差别，也有可能导致最终的墙面呈现出“大花脸”；泛碱现象则与水泥本身的碱含量、养护环境中的湿度以及外部水分的渗透息息相关。要想减少这些内部质量问题，就必须从工厂的质量管理体系出发，形成一套针对原材料的严格筛选并加以均化的制度，不断进行试验以找到最佳的混凝土配合比及振捣工艺参数，并且要对养护车间内的温湿度实施精确管控。某高端写字楼项目，为了达到极致的清水混凝土效果，该项目使用的预制墙板，在生产过程中对每一车混凝土的坍落度、含气量都进行检测，最终生产出成千上万块颜色一致的墙板。

构件破损或者瑕疵已经出现的时候，科学的修复和合理的判定就变成项目必须要应对的问题，对于轻微的边角磕碰或者表面划痕，可以用与构件同色系的专用修补砂浆进行修复。修复工作主要是模仿原有肌理和色彩，这就需要技艺高超的匠人细致操作，才能做到“修旧如旧”。但是任何修复都应该有一定的限度，如果构件的破损影响到了它的结构性能，像预埋吊点受损、主筋外露，又或者外观瑕疵太大，无法依靠修复手段来弥补，那么就应该把它废弃掉，绝不能为了省钱就把存在安全隐患或者严重美学问题的构件“带病”安装起来。建立一套明确的、可量化的构件验收判定标准，并且让业主、监理、总包、厂家等多方共同认可，这是处理这类事情的基本准则。

（二）连接节点施工缺陷

套筒灌浆连接是预制混凝土结构里用得最多的竖向钢筋连接方式，它的施工质量好坏直接关乎结构整体安全。灌浆不密实是其中最致命的问题，造成空洞或者不饱满的现象，大概是因为灌浆料流动度不够、灌浆压力不足、排气孔设置不合理引发的气堵，也可能是工人操作不熟练造成的中途断浆。这些毛病从外面看不出来，就像埋藏在结构里的“定时炸弹”。为了解决这个难题，行业里想出了不少办法，比如给套筒留个透明观察窗、用伽马射线做无损探伤等。在某项目中，项目部在正式施工之前，采用与实体构件同型号的钢筋和套筒，制作多个透明亚克力（聚甲基丙烯酸甲酯）模型，让工人反复进行灌浆练习，工人能够直观地看到浆体的流动、气泡的排出过程，这种可视化的培训，极大地提高了工人的操作水平，保证了工程的灌浆质量。

螺栓、焊接是钢结构和部分混凝土结构连接的主要方式，其施工缺陷也不容小觑。高强度螺栓连接的可靠性来自其受到的巨大预紧力，如果终拧扭矩不足，就无法产生足够的摩擦力传递剪力。而扭矩过大则会导致螺栓拧断或者永久变形，因此使用经过标定的扭矩扳手，由经过培训的工人严格按照“初拧 - 终拧”的顺序操作是唯一的办法。焊接连接的缺陷种类则更多，焊缝未焊透、夹渣、气孔、裂纹等，都会极大地降低节点的承载能力，这些缺陷产生的原因，与焊接时所用的电流、电压、速度等工艺参数的选择，以及焊工的技术水平和责任心有着密切联系。在重要的焊接节点施工过程中，实行焊工持证上岗、焊接工艺评定以及严格的焊缝无损检测制度，是非常必要的质量保证措施。

一个触目惊心的案例是，国外一栋在建的装配式公寓楼，当主体结构施工到高层的时候，发生了局部垮塌。事后事故调查报告表明，其直接原因就是部分楼板与剪力墙之间的水平连接节点有着严重的施工缺陷，设计上要求这个节点用后浇混凝土来连接，但是实际施工的时候，工人没有认真地对节点区域的钢筋进行绑扎，也没有把模板清理干净，这就造成了后浇混凝土和预制构件之间存在着很多孔洞和夹杂物，不能够形成一个整体，当上部楼层的荷载不断地施加下来的时候，这些薄弱的节点最先被破坏掉，从而引发了一连串的连锁反应。这个惨痛的教训有力地表明，装配式建筑的安全性，很大程度上取决于每一个连接节点的准确操作，任何在节点施工上的“省事”或者“变通”，都有可能给以后的结构安全埋下祸根。

第四章

建筑防水工程施工

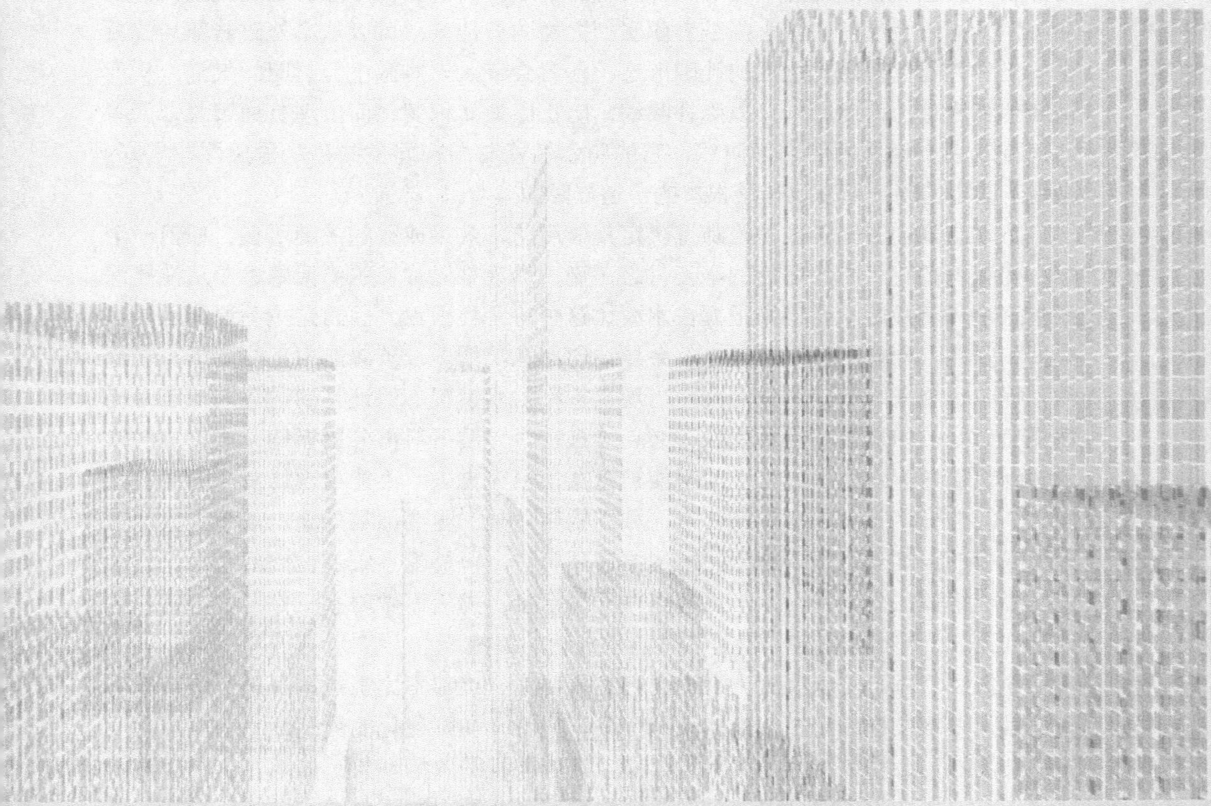

第一节　地下工程防水施工

第二节　屋面防水工程施工工艺

第三节　室内外防水工程施工

第一节　地下工程防水施工

一、地下防水材料的选型与应用

（一）刚性防水材料的特性及施工要点

地下工程防水体系里，刚性防水材料有着非常重要的作用，它主要依靠形成密实、防渗的结构实体来阻挡地下水。其中防水混凝土就是最常用的一种技术手段，它的防水原理不是靠表面额外添加的一层物质，而是通过精心配置的水泥、骨料、掺合料以及外加剂比例，改善混凝土内部孔隙结构，增强自身的防渗能力。骨料的选择也非常重要，级配好、硬度大、没有有害杂质的砂石料才是保证混凝土密实度的关键。掺入引气剂、减水剂或者膨胀剂之类的外加剂，可以从小处改善新拌混凝土的工作性能以及硬化之后的孔隙形态，前者会带入一些微小且封闭的气泡，从而切断毛细通道，而后者则可以弥补收缩，防止因为体积变化而出现贯通裂缝，两者共同构筑起一道坚固的内部防线，它的防水性能与结构同生共存，耐久性非常好，是地下防水的第一道，也是最根本的一道屏障。

防水混凝土的施工过程控制是决定其最后防水效果成败的关键所在，任何一个小小的疏忽都有可能让之前的辛苦付之东流，形成难以弥补的渗漏隐患。从搅拌混凝土这个环节开始就要牢牢把握住水胶比这个决定性因素，因为这关乎混凝土的密实度和强度，一旦水胶比过大，就会导致内部孔隙增多，抗渗能力直线下降。在运输过程中也要采取措施避免混凝土出现离析和泌水情况，保证其到达浇筑地点时仍然具有良好的匀质性。浇筑工作务必连续进行，分层下料再分层振捣，振捣的时候要做到快插慢拔，让每一寸空间都能被密实地填充进去，不能出现蜂窝、麻面、孔洞之类的瑕疵，特别是在钢筋密集区和结构转角处，更要细致处理。某个大型地下车库底板的浇筑项目里，施工团队用泵送顶管法，再搭配系统的振捣部署，这样就把冷缝杜绝掉，几十万平方米底板整体无缝衔接，为后面做防水工作打好基础，这种对过程细节的极致把控，就是刚性防水成功的关键。

养护环节对于防水混凝土来说，它的重要性一点都不比浇筑本身逊色，甚至可以说是视为激发材料潜在性能的关键工序。混凝土在刚硬化的最初期，水泥水化反应特别剧烈，会释放出大量的热量，并伴随着体积的收缩现象，如果在这个时期就快速失水，那么很可能会引发表面干缩裂缝，这些看似微不足道的裂缝，往往就是日后渗漏通道的开端。所以，在刚浇筑完毕进入初凝状态之后，就必须立刻用塑料薄膜覆盖或者洒水，或者喷涂养护剂等方法来实施保湿养护措施，养护时长要严格依照规范来执行，一般情况下不能低于 14 天。除了防水混凝土之外，防水水泥砂浆也是一种重要的辅助和加强手段，在刚性防水体系里占有一席之地，它经常被用来做地下室墙体或者地面的抹压找平工作，也可以当作卷材防水的保护层。当调配防水砂浆的时候，加入聚合物乳液或者防水剂，就能明显改善砂浆的抗裂性能、抗渗性能以及黏结强度，使砂浆和基层结合得更紧密，从而形成一个整体性更好的防水加强层，以应对基层可能出现的小范围变形。

（二）柔性防水材料性能比较与应用范围

柔性防水材料凭借出色的延伸性、适应基层变形能力强且施工灵活等优点，在地下工程防水领域与刚性防水材料中形成了一种功能互补的“黄金搭档”，尤其是那些技术成熟、成本较为经济的改性沥青防水卷材，如 SBS（苯乙烯 - 丁二烯 - 苯乙烯）和 APP（无规聚丙烯）更是受到不少人的喜爱。SBS 卷材具有良好的低温柔韧性，比较适合在寒冷地区开展工程项目，当地基出现沉降或者结构产生温度变形的时候，它能够依靠自身的弹性变形来防止被扯开。APP 卷材则有着更好的耐高温性能和抗紫外线能力，对于一些有特殊温度要求或者处于暴露位置的地下空间来说，这种材料的优势就显现出来。与此相反的是高分子防水卷材，如聚氯乙烯（PVC）、三元乙丙橡胶（EPDM）、热塑性聚烯烃（TPO）等，这些材料在耐化学腐蚀、耐老化、环保性能方面一般比沥青基卷材要好。PVC 卷材可以通过热风焊接成连续、密实的防水层，焊缝强度高，可靠性强。EPDM 卷材有着很好的弹性和耐候性，其使用寿命比较长久。挑选卷材的时候，要结合工程所在地区的气候情况、地下水文地质状况、结构变形预估以及项目投资预算。

在实际工程应用中，各种柔性防水材料的适用范围存在着明显的差别，这既与材料的物理、化学性质有关，又和施工工艺的繁杂程度、周围环境的要求及后期维护的便利性有关。针对变形缝、后浇带这些结构变形比较敏感的部位，高延伸率的柔性卷材几乎是无可替代的选择，它就像皮肤那样包覆着结构，吸收并分散应力，避免因为结构位移造成防水层撕裂。在一个位于地震频发地带的城市综合体项目当中，设计方给地下室外墙选用了高分子自粘胶膜防水卷材，这种材料有着很好的延伸性，而且它的自粘层能和后浇筑的结构混凝土发生化学交联，形成牢固的“皮肤式”满粘状况，完全阻止了水分从防水层和结构之间窜流的可能性，即使局部出现破损，渗漏点也只会局限在很小的范围内，从而极大地改善整个防水系统的安全性和可靠性。相反，对于大面积平整的底板，采用热熔法施工的 SBS 改性沥青卷材就显得更有效率，更有成本优势，所以项目管理者一定要有很强的洞察力，能够准确地判断出各种材料的技术经济性，从而作出最优选择。

防水涂料属于柔性防水体系的另一大分支，它能形成连续无接缝的防水膜，而且施工方便，特别适合在复杂异型结构表面使用。聚合物水泥（JS）防水涂料和聚氨酯防水涂料是地下工程里用得最多的两种，JS 防水涂料把聚合物材料的高弹性和无机材料的耐久性结合起来，施工的时候对基层湿度的要求比较宽松，而且与水泥基面黏结得很牢靠，很适合在潮湿的地下环境中使用。聚氨酯防水涂料以非常高的弹性和很好的整体成膜性出名，可以形成一层密实、坚韧又富有弹性的防水膜，对于细微的裂缝还有一定的自我修复能力。在某个地铁站的穿墙管道节点处理当中，施工人员采取涂刷聚氨酯防水涂料再内衬纤维布的做法，涂料的流动性使它能将管道周围所有的不规则空隙都填满，纤维布的加入则提升了该处的抗拉裂能力，这种“刚柔并济”的精细化处理方式，很好地解决了传统卷材在这些节点上很难完美收边的问题，从而保障了防水系统的完整与长期有效性。

二、地下结构防水构造设计与施工

（一）底板防水层构造与施工要点

地下室底板属于承受地下水压力和结构荷载的重要部分，它的防水层构造设计以及施工质量好坏，直接关系到整个地下工程的安全状况和使用功能是否良好。一般而言，底板防水层都会按照多道设防的原则，把刚性防水和柔性防水结合起来，形成复合式的防水系统。典型的做法是，在垫层铺设完毕之后，先做一道柔性防水层，比如铺两层改性沥青防水卷材或者铺一层高分子防水卷材，然后在其上浇筑防水混凝土结构自防水层，采用外防外贴的方法，可以把结构完全包裹在防水层之内，从而抵御外界地下水的侵蚀。施工中，柔性防水层的铺设属于基础工作，要保证基层平整、干净、没有积水，卷材的搭接宽度以及搭接处的黏结质量是关键，所有的搭接缝都要用热熔焊接或者专用胶黏剂密封严实，形成一个密不透风的整体。在某个商业综合体的筏板基础施工时，就曾因为卷材搭接边处理不当，在焊接时虚焊、漏焊，致使后期地下水从搭接缝处渗透进来，引发大面积渗漏，返修非常麻烦，代价很高。

浇筑底板结构混凝土的时候，对预埋件、穿墙管线、后浇带等特殊地方的处理，是检测施工精细化管理能力的重要环节。所有的穿过底板的管道或者预埋件，都必须事先装上止水环或止水翼，这样可以增大水在渗透路途中的绕行距离，从而防止水分顺着它和混凝土接触之处渗出来。止水环的焊接一定要满，而且要没有夹渣，还要保证它在浇筑过程中位置正确，不能发生偏移。当混凝土浇筑到这些部位的时候，要用小直径的振捣棒做加密振捣，以保证预埋件周围混凝土结实没有孔洞。后浇带是处理混凝土收缩和温度应力的一种构造措施，防水处理也不能马虎。一般做法是在后浇带两侧预留的界面上粘贴遇水膨胀的止水条或者安装中埋式止水带，在后浇带混凝土浇筑之前，把两侧的界面凿毛，清除浮浆和杂物，使新旧混凝土紧密结合。在后浇带混凝土浇筑过程中，应该采用微膨胀、补偿收缩的混凝土，并且要加大养护力度，保证它和主体结构共同形成一道稳固的防水防线。

底板防水层的保护和验收是保证防水层长期有效的最后一道防线，柔性防水层做完之后，表面很脆，后续绑钢筋、装模板等工序很容易把防水层弄坏，所以要在防水层上做一层细石混凝土或水泥砂浆，以做保护层，保护层的厚度至少要50mm。在浇筑保护层的时候，要注意不能破坏下面的防水卷材，用平头铁锹和手推车运混凝土，整个底板防水系统做完以后，要在上面结构开始之前做全面的质量检查，着重查看卷材搭接、收头、节点地方处理得是否符合设计和规范的要求。有条件的话，还要做蓄水试验，以观察防水层是否有渗漏气的地方。在一个高水位地区的地下工程里，项目部等到底板防水层和保护层做完之后，抓住基坑降水停止的空档期，让地下水位慢慢涨起来，刚好达到设计的高度，然后对整个底板做“天然”的蓄水试验，连续观察24h，连一丁点儿漏水的地方都没有，这说明底板防水施工质量很好。

（二）侧墙防水层设计与施工难点

地下室侧墙作为直接抵抗侧向土压力和地下水压力的垂直屏障，其防水设计与施工面临的难题和挑战与底板完全不同。侧墙防水最常用且最可靠的施工方法就是外防外贴法，在围护结构和主体结构墙体之间设置柔性防水层。但是这种方法的实施，特别是深基坑内，空间狭小，作业面垂直，使得卷材的铺贴和质量控制难度极大。卷材垂直铺贴，首先要克服自身的重力所带来的下坠问题，必须保证卷材和基层有足够的临时固定和初步黏结。卷材的长、短边搭接质量是控制的生命线，热熔焊接时火候的掌握很重要，加热不够则粘不牢，加热过度则会烤伤卷材，影响耐久性。在某地铁车站的深基坑项目里，基坑深达30m，侧壁作业空间只有不到1m，施工队用预铺反粘法，把自粘卷材先铺到围护桩上，后面直接浇筑侧墙混凝土，既解决了狭小空间里的施工难题，又做到防水层和结构的满粘，从构造上杜绝了窜水的可能，工艺上的创新给解决施工难点带来了很大的好处。

侧墙防水施工中的另一个难点就是怎么处理贯穿墙体的各种螺杆、管道及预留洞口，尤其是模板工程中所用到的对拉螺杆，它们留下的孔洞成了渗漏的高发区域。以往的办法是在螺杆上焊接止水片，等到拆模以后再用防水砂浆堵住孔洞，但是这样做是否可靠很大一部分取决于工人的细心程度，一旦操作不小心就可能埋下隐患。近些年来，使用一次性的套管式止水螺杆变得越来越普遍，这种螺杆在拆掉模板的时候，它的中间部分和防水套管被永久地留在了墙体内，形成了一处可靠的防水点，免除了二次封堵的不确定因素。对于其他必须穿过墙体的管道，处理方式同底板一样，必须做刚性防水套管，而且在套管和管道之间的缝隙要用柔性防水材料严密填塞。在一个大型人防工程的施工过程中，设计要求所有的通风、给排水管线都要穿过数百米长的外墙，项目部利用BIM技术对所有的穿墙点位实施了三维精确定位，而且对每一个点位都制定了标准的防水构造详图，从设计源头上杜绝了现场施工的随意性，从而保证了上千个穿墙管线节点的防水质量万无一失。

当基坑条件不允许，不能采用外防外贴方案时，就只能采用内防内贴（或内防外抹）的方案，这就对防水材料和施工提出了更高的要求。在内防水方案中，防水层所承受的水压力来自结构的背面，也就是常说的“负水压”。在这种情况下，防水层与基层的黏结就会受到严峻的考验，一旦黏结不牢，水压力就会把防水层从基层上撕下来，防水就会彻底失效。因此，选择那些黏结强度特别高、耐水泡，并且能在潮湿的基层上施工的防水材料非常重要。水泥基渗透结晶型防水涂料和高性能的聚合物水泥防水砂浆就是内防水方案里常用的防水材料。施工的时候，基层处理很关键，要把结构表面的浮浆、油渍等一切不利于黏结的物质统统清理掉，有时候还要凿毛来增大机械咬合力。施工得一遍遍涂刷或者抹压，务必做到设计好的厚度和密实度，内防水方案虽然从理论上讲没有外防水可靠，但是有些老房子翻新或者特殊修缮工程里，它是唯一可行的办法。这时，对材料透彻的理解和对施工细节的极致把握，就成了决定成败的唯一砝码。

第二节　屋面防水工程施工工艺

一、屋面防水材料选择与防水系统构建

（一）平屋面防水材料选择

平屋面系统属于现代建筑常见的屋顶类型，它的防水材料选取包含建筑的重要程度、使用功能、耐久年限、气候状况及成本预算等诸多方面。建筑物的性质是最先要考量的部分，《屋面工程技术规范》（GB 50345—2012）把屋面防水划分成不同的等级，对于重要公共建筑，高层建筑这些一级防水工程，要求至少两道防水设防，防水层的耐久年限至少 25 年，这就表明材料的选择务必偏向高性能、长寿命的产品，比如厚度至少 4mm 的 SBS 改性沥青卷材，高质量的 TPO 或者 PVC 高分子卷材等。而对于二级或者三级防水工程，就可以考虑用单道设防，或者采用经济性更好的材料组合。气候条件对材料性能的影响非常大。北方寒冷、日照强烈的地方，材料的低温柔性和耐紫外线老化性能就成了重点指标，这个时候 SBS 卷材、EPDM 卷材的优势就显现出来。南方多雨、湿热的环境里，材料的耐霉菌、耐水解性能，与潮湿基层的黏结能力就变得很重要，这时候聚合物水泥（JS）防水涂料就有了广泛的运用。

在确定了大的材料类别之后，具体的性能指标和构造做法就需要更细致的考量。以改性沥青卷材为例，除了要考虑到 SBS 和 APP 的地域适应性差别外，还要注意胎体的选择。聚酯胎卷材强度高、延伸率大，适合用在变形适应性要求高的屋面上。玻璃纤维胎基（G）卷材尺寸稳定，但是延伸率小，适合构造比较稳定的屋面。高分子卷材的固定方式是满粘、空铺或机械固定，会直接影响到整个屋面系统的性能表现。满粘法可以把防水层牢牢地粘贴在基层上，防止出现“窜水”现象，但对基层的平整度要求非常高。空铺法施工简单，对基层变形不敏感，在风力大的地方需

要考虑抗风揭问题。机械固定法则用专门的固定件把卷材固定到基层上，施工快，不受环境温湿度影响，适合钢结构轻型屋面系统。在一个大型物流仓库的金属屋面翻新项目中，项目组就挑了TPO卷材加机械固定这个方案，解决了原来金属板生锈、接缝漏雨的问题。TPO卷材白颜色的表面反射率高，减少了屋面吸热，达到节能的效果。

最终的选型策略，一定是技术与经济的平衡艺术。项目管理者不能只求“最好”，而要找“最合适”。成本分析不能只看材料单价，还要计算全生命周期的成本，要把施工费、后期养护费甚至渗漏带来的损失也算上。有时，一种初期投入高的材料，因为使用寿命超长，后期几乎不用养护，整栋楼用下来反而更省钱。施工方便可靠也很重要，材料再好，如果其施工工艺复杂，工人技术水平要求高，就很容易在实际操作时出现问题。所以在材料选择阶段，要邀请有经验的施工方和材料供应商一起参与，听取他们的意见，这样可以避免很多纸上谈兵的错误，从而制定既符合技术规范要求，又具有可实施性、经济合理的最佳选材方案。

（二）坡屋面防水系统构建

坡屋面因为优雅的建筑形状和不错的排水性能，在住宅、别墅及具有特色的公共建筑里被频繁采用。它的防水系统搭建逻辑与平屋面存在很大的差别，不再仅仅依靠防水材料的水密性，而是更多地看重构造设计和排水组织的系统配合，形成了一个“导排为主，防水为辅”的多层防御架构。最外层的瓦片，无论是陶瓦、水泥瓦还是沥青瓦，它们的主要职责就是把雨水快速引导走，抵挡日晒、风吹这些外界物理损害。这些瓦片靠搭接或者扣合的形式盖在屋面上，这是第一道防线，但并不是完全封闭的。因此，瓦片下面，一定要有一道连续完整的防水垫层，这才是坡屋面防水的“内胆”。最后一道防线，一般选用改性沥青防水卷材、高分子防水卷材，或者专门的防水透气膜，防水透气膜尤其值得推荐，因为它既能阻止液态水，又能让结构内部的水蒸气散发出去，这样屋面结构内部就比较干爽，不容易因为潮湿导致结构腐烂，保温层失效。

坡屋面防水系统施工主要针对细节节点进行细部处理，屋脊、屋檐、天沟、泛水、老虎窗、烟囱等凸出屋面的结构周边是最容易发生渗漏的部位，在这些节点处要进行额外的防水处理，在铺设大面防水垫层前要在这些部位铺一层附加卷材。天沟是收集并引导屋面雨水的主要通道，其防水构造至关重要，一般采用金属板材或多层防水卷材进行加强，要有足够的坡度和排水能力，避免积水倒灌。屋脊处是屋面风压最大的地方，瓦片的固定和脊瓦的密封要格外结实。在某个高端别墅区的坡屋面项目里，施工队伍给每一个老虎窗的侧边和顶部都做了金属泛水板和防水卷材的双重防水构造，金属板被精确地剪裁和折叠，从而与窗体以及屋面实现完美的贴合，下方的卷材往上翻起，又增添了一层保险。这种对细节毫不怠慢地打磨，就是塑造出高品质坡屋面防水系统的关键。

除了防水层本身之外，坡屋面系统中的通风和隔热设计也与防水性能和耐久性有关联，一个设计得当的坡屋面应该在屋檐和屋脊处留出通风口，靠热压和风压效应在屋面结构内部产生持续的空气流通，这样的“会呼吸”的屋面可以迅速把渗进来的少量潮气和室内散发出来的水蒸气带出去，从而使保温层和木结构保持干燥，避免它们发霉腐烂；空气流动的时候还能把夏天屋面吸收到的很多热量带走，从而起到隔热的作用，瓦片的铺法也会影响通风效果，有些瓦片本身就是为通风而设计的。坡屋面防水是一项系统工程，设计者和施工者不能只盯着那一层看不见的防水膜，而要把瓦材、防水垫层、保温层、通风系统甚至紧固件当成一个整体来看待，各部分相互配合，共同完成屋面的美观、耐久、节能、防水等任务。

二、卷材防水屋面施工

（一）SBS/APP 改性沥青防水卷材施工

SBS/APP 改性沥青防水卷材因为优异的耐候性、抗拉强度及施工适应性，在屋面防水市场里一直占据着主导地位。它最经典、应用最广泛的施工工艺就是热熔法，即利用火焰喷枪加热卷材底面的热熔胶层和基层处理剂，使其达到熔融状态，之后把卷材平稳地向前滚铺，借助压辊碾压，使卷材与基层牢牢地黏合。热熔法施工的要点是掌控好“火候”，这很依赖操作工人的经验和技巧。加热时一定要均匀又彻底，等到卷材表面的沥青被加热到光亮发黑的状态即可，但是又不能过度加热以至于将卷材烧穿或使改性剂发生劣变。熔化的沥青在新铺卷材的边缘上形成一条自然的沥青条，这是判断焊接质量的一个直观标志。在大面积铺贴之前，应该先在屋面的转角、天沟、落水口等细节地方做附加层的加强处理，铺贴的方向要按照屋面的坡度及当地的主导风向来决定，一般是平行于屋脊从低处向高处铺贴，这样能够保证搭接缝口顺水，降低雨水渗入的可能性。

除了热熔法外，冷粘法也是改性沥青卷材的一种重要施工方法，它适合于那些禁止使用明火的场所，或者是在一些不规则、狭小的作业面上。冷粘法采用专用的冷黏结剂，将其均匀地涂刮在基层及卷材底面上，待溶剂挥发至一定程度、黏度符合要求之后，再把卷材铺放上去，然后用压辊压实。相较于热熔法，冷粘法更安全、更环保，不过它对基层的平整度和干燥度有更高的要求，而且粘结强度很大程度上取决于粘结剂的性能以及施工时的环境温湿度。自粘型改性沥青防水卷材就是对冷粘法的一种简化和提升。这种卷材出厂时就已经被一层压敏性或者反应性的自粘胶层覆盖，并且在表面附着了一层隔离膜，在施工的时候，只需要把隔离膜撕掉，然后直接把卷材铺到已经处理过的基层上即可，施工非常方便，效率也很高。自粘卷材对于施工环境的清洁度要求非常高，即使是灰尘或杂质也都有可能影响到它的黏结效果。在一个旧屋面改造项目中，因为下层是易燃的保温材料，所以项目组最后选择了自粘卷材来做防水层，这样就避开了使用明火的风险，而且它施工特别快，大大缩减了工期。

无论采用何种施工方法，卷材的搭接处理都是整个防水层连续性和水密性的重要环节。卷材长边和短边的搭接宽度都必须严格按照规范要求，一般长边不小于100mm，短边不小于150mm。热熔法施工时，搭接缝的焊接质量是关键，要保证搭接范围内完全熔合，然后趁热用专用工具将搭接缝边缘封严，要保证有均匀的沥青条溢出。冷粘或自粘法施工时，搭接缝处要用压辊反复碾压，保证内部没有空气，黏结密实，最后用配套的密封膏对搭接缝边缘进行密封处理。屋面防水是个整体系统，卷材铺贴完毕后，还要做严格的收头处理。在女儿墙、凸出屋面结构等地方，卷材得往上翻，牢牢地固定在凹槽里，再用密封材料封起来，这样就能阻止雨水从防水层的边缘渗透进去。一个看上去不错的卷材防水屋面，如果收头处理马虎，就起不到真正的防护作用。

（二）高分子防水卷材的施工

高分子防水卷材由于具有轻薄、高强、耐老化、环保等特点，在现代屋面工程中被广泛应用。高分子卷材的施工方法比改性沥青卷材要丰富得多，主要有机械固定法、满粘法、空铺法三种，其施工方法的选择主要根据屋面基层、结构和具体的设计要求来确定。机械固定法是高分子卷材施工最独特的一种方式，特别适用于钢结构或木结构的轻型屋面，用专门的垫片和螺钉把卷材机械地固定在屋面基层上，相邻卷材搭接缝处采用热风焊接的方法，形成一条连续的、均匀的焊缝。这种施工方式的速度快，而且受天气的影响不大，可以有效地抵抗风荷载造成的上掀吸力。热风焊接在整个工艺中占据着关键地位，操作者要用自动焊接设备或者手持焊枪，把控好焊接的温度、速度及压力，以此保证焊缝能够达到母材的强度。在一个大型的会展中心，它的金属屋面就用到TPO卷材机械固定的系统，几万平方米的屋面仅仅在很短的时间内就完成了防水层的铺设工作，那种整洁的白色外表加上不错的抗风揭性能，赢得了业主和设计方的好评。

满粘法施工可以将高分子卷材牢牢地粘贴在基层之上，两者结合成为一个整体，这样就可以完全避免水分从防水层之下窜流，即使防水层出现了破损，漏水的范围也仅仅局限在很小的地方，便于检查与维修。满粘法对基层的要求非常高，基层需要平整、坚实、干燥，并且没有任何污染。施工的时候，把专门的基层胶黏剂均匀地涂抹在基层和（或者）卷材的背面，然后把卷材平铺并压实，由于高分子卷材比较薄，因此基层上的任何细微不平整都会反映到卷材上面，既破坏美观，又有可能在长时间使用之后造成磨损。所以大面积施工之前，对基层进行细致的找平处理是必不可少的前期工作。预铺反粘型的高分子卷材为满粘法提供了一种新思路，它可以在尚未浇筑混凝土的结构模板上提前铺设好，依靠后续浇筑混凝土浆体与卷材表面的特殊黏结层发生反应，从而形成稳固的化学键合。该技术在地下室底板及侧墙中较为常见，在屋面工程中，尤其是一些构造复杂的现浇混凝土屋面上也开始显现出其独特的应用价值。

空铺法或称压顶法是一种比较简单的施工方法，就是把高分子卷材直接空铺到基层上，卷材与基层之间不黏结，只对搭接缝进行焊接处理，防水层的抗风揭能力和稳定性，完全依靠其上面的保护层或者压载物，比如铺设卵石、水泥预制板或者种植绿化，这种方法对基层条件的要求比较宽松，施工也比较简单，而且能够很好地适应基层的变形。在倒置式屋面也就是保温层在防水层之上的构造中，空铺法是比较常见的一种做法。把卷材铺好之后，在上面铺保温板，再铺一层隔离过滤层，如土工布，最后铺卵石或者植被土壤之类的压载层。这样的构造既保证了防水层免遭紫外线与物理损伤，又有效利用了屋面的空间。但是用空铺法时，一定要针对屋面的排水系统做细致的设计，保证压载层下面的水能顺利排出，防止因为长时间积存而对防水层和建筑产生不良影响。同时，对于女儿墙等周边部位，卷材仍需做好固定和收头处理。

第三节　室内外防水工程施工

一、厨卫间防水施工

（一）基层处理与节点增强

厨卫间是建筑里用水最集中、管道最密集的地方，厨卫间防水工程的成败，直接关乎住户的生活品质和邻里关系。在整个厨卫间防水施工流程里，基层处理是打基础、定成败的第一步，它的关键性怎么强调都不过分，一个合格的基层，应是坚实、平整、干净，而且没有任何油渍、浮浆和松动物的。在新建建筑里，结构楼板和墙体表面往往都会有一层水泥浮浆和脱模剂残留，这些都会严重干扰防水层和基层的黏结力，必须用钢丝刷、打磨机之类的工具把这些东西全部清除掉。对于旧房改造而言，要把原先的瓷砖、防水层等全部铲掉，直到露出结实的结构底层为止。基层表面是否平整也很重要，如果有凹凸不平或坑坑洼洼的地方，就要用专门的修补砂浆把它抹平，这样才不会在以后涂刷防水涂料的时候出现厚薄不均的情况。在一次因为厨卫间渗水而开展的维修活动中，把瓷砖拆开之后，就看见防水涂料成片地从墙面上剥落下来，根本原因在于当初做防水的时候，没有把基层上面那层腻子彻底清除干净，防水层只是贴附在了一层毫无强度的“隔离层”之上。

大面基层清理找平完毕后，要对厨卫间内关键节点进行防水加强，这些节点是受力点，形状复杂，是最容易发生渗漏的薄弱环节，需“特殊关照”。墙根、墙角

（阴阳角）、管道根部、地漏周边是四大经典关键节点，规范做法是在这些节点处预先涂刷一遍防水涂料，待其湿润后再嵌入一层聚酯无纺布或玻璃纤维网格布做胎体增强层，再在胎体上涂刷一遍防水涂料，形成一个复合增强层。此增强层宽度，在阴阳角处两侧各不少于 100mm，在管道根部及地漏周边则不少于 50mm。这种“一布两涂”的操作，能抵御结构微小变形或者干缩造成的应力，避免防水层在这些薄弱之处被拉裂。在管道根部处，要先用堵漏材料把管道和楼板之间的缝隙填塞结实，之后才做增强层。对这些细节的精心打磨，是厨卫间防水工程从“合格”走向“优秀”的必由之路，也是防范日后渗漏矛盾的最佳投资。

所有基层处理及节点加强工作完成后，整个厨卫间就变成了一个即将大面积进行防水涂刷的“净壳”。在涂刷第一遍防水涂料前，还要对基层做最后一遍检查，看是否干净、湿润程度如何。水泥基防水涂料的基层要提前洒水润湿，但不能有明水；聚氨酯等反应型涂料的基层必须干燥。细节决定成败，基层的好坏决定了防水涂料能否充分发挥出最佳的黏结性及成膜效果。

（二）防水涂料的选用与涂刷技术

给厨卫间选好防水涂料是保证其长久防水效果的关键。市面上主流的厨卫间防水涂料大概分成两类，即聚合物水泥（JS）防水涂料和丙烯酸类防水涂料。JS 防水涂料属于刚柔结合，它是聚合物乳液（液料）、特种水泥和填料（粉料）混合而成的。聚合物有弹性，水泥耐久，所以 JS 防水涂料和水泥基面黏合得非常牢靠，而且可以在潮湿的基面上施工，非常适合厨卫间那种环境。按照液料和粉料的比例不同，JS 防水涂料又被分成了 Ⅰ 型（柔性）和 Ⅱ 型（刚性），墙面一般用更柔韧、能承受小范围变形的 Ⅰ 型，地面则用更耐水、耐磨的 Ⅱ 型。丙烯酸类防水涂料是一种单组分的水乳型材料，打开桶就可以使用，施工非常方便，而且环保，干燥也快，涂成的膜也有弹性。选择涂料要视具体项目的情况和预算来定，还有施工队伍对哪种涂料熟悉。但是不管选哪种涂料，都要保证其是符合国家标准的产品。

防水涂料的涂刷工艺，是把“液体”变成“防水膜”的过程，关键在于“均匀”“多遍”“交错”。在做好基层处理和节点加强之后，就可以开始大面积涂刷。第一遍要采用“薄涂”的办法，用力要均匀，使涂料渗入基层里，从而提升附着效果，等到第一遍涂料表干（也就是用手摸上去不粘手）后，就要开始第二遍涂刷。第二遍涂刷的方向应当和第一遍相反，这样“十字交叉”的涂刷方法，既可以防止漏刷，又能让涂膜的厚度更均匀。如果设计要求涂膜的厚度比较厚，那么就要涂刷第三遍，涂刷的方向要与第二遍垂直，整个涂膜的平均厚度要达到设计的要求，一般是 1.5mm，最少不能低于设计厚度的 80%。墙面上的防水涂刷的高度也有要求，淋浴的地方，墙面防水层的高度至少要有 1.8m，不是淋浴的地方，墙面的防水层的高度至少要 30cm，这样就可以防止淋浴的时候喷溅的水和平时泼溅的水渗透到墙里面。

在整个涂刷的过程中，一些小的细节会影响到最终的成膜效果，每次取涂料之前都要把桶里的涂料再搅拌一下，防止沉淀，涂刷的时候也要注意不要让涂料里裹进空气，产生气泡。已经打开但是没有用完的涂料，尤其是那些双组分已经混合好的涂料，要注意它的可使用时间，不能用已经开始变硬的“死料”。施工环境的温度和通风情况也会影响到成膜，要避开低于5℃或者高于35℃的环境，还要保证适当的通风，这样才能让涂膜更好地干燥固化。完成全部涂刷工序之后，防水层要有一段静置养护时间，这个时间段里，绝对不能让人进去踩踏或者堆放东西，一直等到涂膜完全固化，才具备一定的强度。看似简单的涂刷动作，其实蕴含着对材料特点、施工环境及操作手法的综合理解与精准把控，这就是专业精神。

二、外墙防水施工

（一）外墙防水砂浆性能及施工

外墙常常面临风吹雨打、日晒冻融等侵蚀，外墙防水的好坏直接影响到房屋的耐久性、美观性和室内环境的舒适程度。在诸多外墙防水材料中，防水砂浆凭借施工便利、性价比适中、与墙体基层契合良好等诸多优势得到广泛使用，它可以是一道单独的防水屏障，也可以作为外墙饰面砖的黏结层或找平层。当代的防水砂浆远非从前那种普通水泥砂浆所能相提并论的，往往在经过混合配置而成的预拌干粉料里掺和了各类高分子聚合物、增水剂、减缩剂及纤维等改良成分。这些聚合物加入进去之后，在水泥石的网状结构当中形成了一层连续的有机薄膜，把砂浆的孔隙给填满，这样就明显加强了它的抗渗能力和柔韧性。增水剂可以改变砂浆表面的张力，让水滴很难在上面浸润，就像荷叶那样具有疏水的效果，纤维被添加进来以后，能够有效地阻止砂浆在干燥的时候发生塑性收缩开裂，从而改善了它的整体抗裂能力。这些各种各样的功能集成起来，高性能的防水砂浆就成了抵挡雨水渗透的一道坚固防线。

防水砂浆的施工质量，很大程度上取决于基层处理和对施工工艺细节的把控。就像室内防水一样，外墙基层要扎实、干净，不能有油渍、脱模剂等污染物。对于混凝土墙面，要提前做好凿毛或甩浆处理，这样能提升砂浆和基层之间的机械咬合力，施工前，按照天气状况，对干燥的墙面做适当的洒水润湿，避免基层过快吸收砂浆里的水分，从而影响砂浆的正常水化和黏结强度。防水砂浆的抹灰一般分层开展，第一遍是底层，抹灰不要太厚，主要起到找平和增强黏结的作用，等底层砂浆初步凝固以后，再抹第二遍。每一层的抹灰都应压实、抹平，层与层之间要抹得严实些。在一些防水要求较高的工程里，会在两层砂浆中间铺上一层耐碱玻璃纤维网格布，从而提升整个防水砂浆层的抗裂能力。一个地处多雨地带的住宅项目，由于施工队在外墙抹灰的时候没给基层润湿，致使防水砂浆过早失水，产生很多龟裂纹，最后只能全部返工，损失很大。

防水砂浆施工完后的养护，是保证砂浆最后成型的重要环节。砂浆硬化时，需要充分的水分进行水泥水化，如果养护不及时，水分过早蒸发，就会造成水化不全，强度下降，同时干缩增加，产生裂缝。外墙养护条件比室内恶劣得多，受风、日晒影响大。在砂浆抹灰完成后24h内，就要开始喷水养护，尤其在炎热、干燥的夏季，要增加养护次数，使砂浆表面在7天内（重点工程14天）始终处于湿润状态。除了施工养护外，防水砂浆的质量控制也是源头保障，挑选防水砂浆的时候要弄清楚它的技术指标，抗渗压力、黏结强度、压折比等是否符合设计和规范的要求，不同厂家生产的防水砂浆的性能和施工需求可能有所不同，按照产品说明书来调配并施工，这是保证质量稳定的前提。

（二）外墙饰面砖的防水处理

铺贴饰面砖是外墙装饰里很常见的一种做法，它可以美化建筑外观，给墙体带来一定的保护效果。但是由饰面砖引发的渗漏问题，一直是建筑行业的一大顽疾。造成这种情况的原因，并不是饰面砖不防水，而是由成千上万块砖和无数道砖缝组成的这个“整体系统”存在很多潜在的渗水通道，雨水可以通过砖缝里不密实的勾缝砂浆，砖和砂浆之间因热胀冷缩或者黏结不牢固造成的缝隙，还有饰面砖那些微小的孔隙（吸水率）等多种途径渗入墙体。一旦水分渗入饰面层背后，就很难再被排出去，会在墙体内部积攒起来，时间一长就会渗透进屋内，导致内墙发霉、起皮等。因此，对于外墙饰面砖的防水，绝不能只依靠砖头和勾缝砂浆，一定要营造出一个系统的、多层的防水体系。关键思路就是，在贴饰面砖之前，先在墙体基层上做好一道靠谱的防水层，把饰面层和结构墙体完全隔开。

在铺贴饰面砖之前，应设置一道防水层，一般采用聚合物水泥防水砂浆或者柔性防水涂料。这道防水层既要具有良好的防水抗渗性能，又必须与基体墙面及后面的瓷砖黏结砂浆有良好的黏结性能，否则容易造成饰面砖空鼓、脱落。做完这道防水层之后，铺贴饰面砖的工艺也很重要。要选用专门的具有防水功能的瓷砖黏结剂，采用薄贴法施工，保证黏结剂在瓷砖背面和墙面满铺，不能采用“点粘”“框粘”等容易产生空腔的施工方式。砖缝的勾缝处理是防止水分从正面侵入的最后一道防线，必须采用质量好、具有憎水性的专用勾缝剂，勾缝要饱满、密实。把这一切做完之后，可以在整个饰面砖墙体的表面，喷上一两层透明的有机硅或氟碳憎水剂，这种憎水剂可以渗透进砖和勾缝砂浆的表面，形成一层看不见的疏水保护膜。当雨水落在墙面上的时候，就像落在荷叶上一样，很快就会滑落下去，从而大大增强整个墙面的抗渗性能。

除了上面的构造措施外，外墙上的细部节点处理，如窗台、阳台、空调板、装饰线条等，这些才是外墙防水成败的关键。窗台的顶部要做向外的排水坡度，底部做“滴水线”或“鹰嘴”，避免雨水顺墙流淌。凡是凸出墙面的构件与墙的交接处都要做好密封防水。在高档住宅项目里，要求每一层窗台的底部都预埋一道成品滴水线条，在所有的空调板的根部，用防水涂料内衬加强胎体的方式进行加强，最后在贴饰面砖之后，用耐候密封胶把所有的交接缝都封好。这种细节上的极致关注，虽增添了一点成本，却从根本上消除了因节点处理不当而产生的渗漏隐患。外墙饰面砖的防水属于一个系统工程，从防水层、黏结剂、勾缝剂、表面防护直至细部构造，每一个环节都不能遗漏，否则就有可能出现“千里之堤，毁于蚁穴”的情况。

第五章

建筑装饰装修工程施工

第一节　抹灰与饰面板（砖）工程施工

一、抹灰工程施工

（一）基层处理与材料选配

基层情况的好坏直接影响到抹灰层最终的质量和寿命，这一点在工程中怎么强调都不过分。在真正开始抹灰工作之前，要对混凝土、砌体等基层做全面而细致的勘查，考察的内容包括平整度、垂直度、结构裂缝、表面孔隙、浮浆、油渍等可能存在的污染物。以往依靠垂线、靠尺的检测方式正逐步被高精度激光扫描、三维成像等新技术所取代，这些现代技术可以产出毫米级的数字模型，清楚地显示基层的细微瑕疵，为制定修补计划提供量化支撑。对于发现的结构性裂缝，要请结构工程师一起研判，用压力灌浆或碳纤维布加固等办法加以修补；对于表面的浮浆和污染物，要用高压水射流或机械打磨的方式清除干净。在一个位于沿海地区的高层住宅项目里，因为施工单位没有对混凝土剪力墙表面的脱模剂予以清理，就直接抹灰，交付以后半年之内就出现了大面积的空鼓和脱落，最后造成非常昂贵的返工和索赔，这件事显示了基层处理的重要性。

抹灰砂浆的材料选配是综合性的技术决策，要兼顾性能、成本与施工性的多重目标。传统水泥砂浆强度高且成本低，但其刚性强、干缩率大，在现代建筑轻质墙体，比如加气混凝土砌块或石膏板上使用时，开裂的风险极大。所以预拌砂浆成了主流，特别是聚合物改性砂浆，它把可再分散乳胶粉、纤维素醚、木质纤维等高分子聚合物加入进去，极大改善了砂浆的和易性、保水性及柔韧性。可再分散乳胶粉在砂浆硬化之后会形成连续的聚合物膜，有效地填补了水泥石之间的微小孔隙，明显增强了砂浆与基层的黏结强度以及抗冲击韧性。纤维素醚就像是“增稠剂”和“保水剂”，保证砂浆涂抹时不流挂，而且能减缓水分蒸发的速度，给水泥水化留出足够的时间，从而避免早期收缩开裂。材料的选配还要考虑到地域气候，干燥多风的地方对砂浆保水性能要求高，潮湿环境里则要看重砂浆防霉能力，这就体现出材料科学与地域环境适应性的结合。

界面剂是基层和抹灰层之间的“纽带”，它的功能机制是凭借物理浸润与化学键合来改良两种性质不同材料之间的兼容程度，进而创建起一个既牢固又稳定的过渡区域。界面剂的主要构成要素是高分子聚合物乳液，它的分子链可以渗入基层表面那些细小的孔隙中，从而产生出一种像犬牙交错一样的机械锁合力；而且聚合物里的活性基团还能够与基层以及后面抹灰砂浆里的无机材料展开化学反应，生成非常结实的化学键。市场上出售的界面剂大致可以分成乳液型和干粉型两大类：乳液型的施工比较方便，但是它的耐水性能稍差一些；干粉型则要先在现场用水搅拌，它的成分中常常包含水泥基材料，这样就能够与基层形成一体。实际应用中，要牢牢把握界面剂的涂刷厚度与均匀性，太厚会使界面层强度不够，变成“软弱夹层”；太薄又封不住基层的孔隙，达不到应有的桥梁效果。前沿研究正在尝试把纳米二氧化硅或石墨烯等纳米材料放进界面剂里，凭借它们极高的比表面积和高活性，希望在分子层面再加强界面黏结的强度和耐久度，从而为极端环境下的抹灰难题找到新出路。

（二）施工工艺与质量控制

抹灰施工的工艺流程蕴含着丰富的操作技术和经验积累，抹灰层的厚薄均匀、表面平整、与基层黏结牢固是关键，而“冲筋打点”或“做灰饼”则是整个抹灰工序的基准设定。施工人员要借助激光水平仪或经纬仪精准设定墙面的平整度控制点，然后用砂浆制作出作为后续刮涂参照的“筋”或者“饼”，把大面积的平面控制变成一个个线与点的控制，这样不仅降低了操作难度，还保证了最终的效果。多层施工是保证抹灰质量的重要环节，底层砂浆主要起找平和黏结的作用，它的强度等级应该比基层稍高一些，这样才能形成合理的强度梯度，中层砂浆用于提高平整度，面层砂浆则注重装饰效果，要求细腻、光滑。气候条件变化无常的现场，施工管理者一定要关注温度、湿度、风速等环境要素对砂浆凝结和硬化的干扰。在夏天高温或者大风天气时，要对新抹好的抹灰面实施喷雾养护，防止水分过快散发造成塑性收缩开裂；冬天低温的时候，要用覆盖保暖、添加早强剂之类的办法，保证水泥水化反应正常开展。

抹灰工程当中常见的一些质量通病，如开裂、空鼓、起砂、泛碱等，其背后成因十分复杂，牵扯材料、施工、环境、结构等诸多因素。开裂是最常见的，可以分为塑性收缩裂缝、干燥收缩裂缝以及因基层变形造成的结构性裂缝。塑性收缩裂缝大多发生在施工之后的几个小时之内，形状很不规则，主要原因是砂浆表面水分蒸发得太快。干燥收缩裂缝则是在硬化后期才显现出来，这与水泥用得太多、砂浆太细有关系。空鼓是由于基层处理不好，界面剂失去效力或者抹灰时一次抹得太厚，造成抹灰层和基层中间存在没有被砂浆填满的空洞。为精确找出这些瑕疵，无损检测技术起了关键作用，红外热成像技术凭借探测墙体表面细微温差，能找出空鼓之处，因为空腔会改变局部热传导情况，冲击回波法通过剖析声波在介质中传播和反射的信号，也可以准确找出空鼓位置及其大概范围，这些技术为制定维修计划提供了科学依据，免除了盲目敲击造成的再次破坏。

面向高质量发展的建筑工程，抹灰施工的质量把控由过去依靠经验的传统模式，转向数字化、精细化的现代模式。BIM 技术被深度应用之后，项目在策划阶段就能对抹灰工程开展三维可视化设计与模拟，借助 BIM，可以精准算出不同区域的抹灰厚度和工程量，自动生成材料采购清单，从而防止材料被浪费掉。而且，BIM 可以与现场的激光放样机器人联动，把设计时的控制线和控制点按照毫米级的精度投射到作业面上，给人工“冲筋打点”给予精确的引导。自动化施工装备的兴起，为抹灰行业带来了一场革命，履带或者轮子式的抹灰机器人，凭借自身携带的传感器去感知墙面的情况，自动执行砂浆的喷涂、压实、刮平及收光等操作，其工作效率是人工的好几倍，而且成品的质量非常一致，很大程度上消除了人工带来的不确定因素。在一个大型公共建筑项目当中，采用智能化抹灰机器人之后，抹灰工期缩短将近百分之三十，墙面的平整度和垂直度也得到了明显的改善，这些综合效益得到业主以及总包单位的认可。

二、饰面板（砖）工程施工

（一）材料检验与排版深化设计

饰面板（砖）工程的品质从进场材料开始就已形成，这是最后观感效果和使用安全的第一道防线。对于天然石材而言，主要考察物理性能指标是否达标，如抗压强度、抗折强度、吸水率及耐磨度是否符合设计需求和规范标准，还要对石材色泽、纹理、规格尺寸以及平整度逐一核对，有些经验丰富的质检员甚至能从敲击声中察觉石材内部是否有影响耐久性的细微裂隙。对于瓷砖、陶板这类烧制材料，除了尺寸偏差、平整度的检测之外，还应着重考察其抗冻融性、耐化学腐蚀性以及防滑性能，尤其是地砖。材料验收的时候，要随机抽取一定比例的样品送到有资质的第三方实验室去做复检，以此来验证供应商所给的数据是否准确。某个高端酒店的大堂项目，由于前期对进口大理石的检验把关不严，致使铺贴上墙的石材有着明显的色差，而且有些板材在后期使用时出现了裂纹，最后不得不做大面积的更换，造成非常大的经济损失和工期延误，这个事例表明，材料的源头把控非常重要。

排版深化设计是材料与最终建筑效果之间的桥梁，它是一项将美学构思和技术可行性相结合的创造性工作。在施工之前，深化设计师要依据建筑师给出的立面设计图纸，还要结合现场实际测量出来的精准尺寸，借助计算机辅助设计（CAD）或者 BIM 软件来进行细致的排版工作。这绝不是简单的几何切割，它牵涉很多方面。首先就是美学层面，怎样安排板材的分割缝隙，让这些缝隙与建筑的立面线条、门窗洞口等元素产生协调的韵律感，对于那些具有特别纹理的天然石材而言，怎样通过板材的旋转拼接来做到纹理的追纹或者对纹，从而达到令人惊叹的视觉冲击效果。其次是模数协调和材料利用率，合理的排版应该尽可能用标准的板材，减少现场的切割和损耗，这对项目的成本控制至关重要。再次是施工的可行性。在排版方案设计中，需要综合考虑安装节点的处理方式、收口与收边的具体做法，并兼顾与幕墙、门窗等其他专业的衔接关系。一个好的排版深化设计，可以让材料的美得到最好的呈现，也为后期的精准下料和顺利安装打下良好的基础。

排版深化设计阶段，先进数字化工具的作用愈发突出，三维激光扫描技术能获得建筑基底高精度点云数据，进而创建与实际情形完全相符的数字模型，从根本上解决了由于施工偏差造成的设计图纸与现场不符的问题，保证了排版设计的精准性。BIM 应用使排版设计达到了新的层次，在 BIM 环境下，每一块饰面板都可以看作是独立的信息单元，它不仅包含几何尺寸信息，还可以附加材料品种、供应商、价格、安装顺序等非几何信息。借助 BIM 的可视化特性，设计师、业主和施工方就能在虚拟环境下直接查看排版效果，提前找出可能存在的碰撞和不协调之处。更为关键的是，BIM 可以驱动数控加工设备自动对板材实施精确切割和开槽，从而达成从设计到加工的无缝对接，这样一种数字化的工作流程既提升了排版设计的质量和效率，又为异形、复杂饰面工程的达成提供了强有力的支撑。

（二）干挂与湿贴施工工艺

干挂工艺属于现代化的饰面板安装技术，它的主要优点是把饰面板与主体结构依靠金属连接件牢固地联系起来。饰面板和基层之间会形成一个空腔，这就有效地防止了以往湿贴工艺出现的砂浆收缩、基层变形或者温差应力所引发的空鼓、开裂、掉块等毛病。干挂体系大致由预埋件或者后置锚栓、立柱（龙骨）、横梁以及用于挂住板材的挂件等部分构成。开工时第一步就是要精确放线，确定好龙骨的安装位置，接着安装立柱和横梁，而且要仔细校准垂直度和平整度。板材的安装是整个工序的点睛之笔，通过背栓式、T 形挂件或者通槽式等不同类型的挂件，把饰面板准确无误地固定到龙骨体系之上。背栓式工艺因为板材背面开孔，受力均匀，可以最大限度地保证板材的完整性和美观性，所以它被普遍运用在高端石材干挂工程当中。整个干挂系统的规划和建造务必经过严格的结构核算，要保证它可以承受板材重量、风力负荷以及地震影响，这就体现出建筑装饰与结构安全的深度交融。

湿贴工艺是历史悠久的传统施工方法，它利用水泥基黏结材料把饰面砖（板）直接粘贴到基层上，虽然在某些方面不如干挂工艺可靠，但是依靠其成本低、施工方便的特点，在室内墙地面、小尺寸外墙砖等方面仍然得到广泛使用。湿贴施工质量的重点在于黏结材料的选择和基层处理，传统的纯水泥砂浆因为黏结力不足、缺乏柔性而被专用的瓷砖黏结剂所替代。瓷砖黏结剂里加入了高分子聚合物和特别的添加剂，从而具备很强的黏结强度、柔韧性和抗滑移性。施工时采用“薄贴法”，即用齿形刮板将黏结剂在基层和瓷砖背面均匀刮成条纹状后再进行铺贴，从而保证黏结剂的满粘率，避免空鼓。吸水率低的玻化砖或者大尺寸的瓷砖，还要在瓷砖背面进行背涂处理，以提高黏结强度。施工时留伸缩缝，用柔性填缝剂填缝，这是防止吸收基层与饰面层之间相对变形、瓷砖起拱开裂的有效措施。

干挂与湿贴工艺的选择不是简单的优劣对比，而是要根据项目的实际情况做出的综合判断，要考虑建筑类型、高度、饰面材料的特点、项目预算、工期、所在地的气候与地质条件等。高层建筑外墙风荷载和地震是主要因素，干挂工艺力学连接可靠、变形适应能力强，是首选工艺。对于贵重、尺寸大的天然石材，干挂工艺可避免水泥砂浆泛碱污染石材表面，更利于展现石材的装饰效果。但室内空间，尤其是卫生间、厨房等潮湿环境的墙地面，湿贴法更占优势，它可形成一个连续的防水层，而且成本更低。对那些预算有限的低层建筑或者改造项目来说，采用聚合物改性黏结剂的增强型湿贴工艺，在保障安全的情况下，也是一种经济可行的选择。所以，项目管理者和工程师要具备全面的技术知识，深刻领会两种工艺的适用边界以及其内在逻辑，从而为特定项目量身打造最合适的施工方案。

第二节　吊顶与隔墙工程施工

一、吊顶工程施工

（一）龙骨体系构建与选材

龙骨体系是整个吊顶工程的骨架，它承受着整个饰面板的重量，决定着吊顶的平整度和长久性。龙骨材质的选择要按照吊顶跨度、造型、防火需求以及所处环境等来确定。轻钢龙骨凭借自身强度高、刚度强、防火性能好的特性，成为公共建筑和大空间吊顶的首选。它主要包含承载龙骨也就是主龙骨，还有覆面龙骨即次龙骨，它们的规格型号、壁厚、间距都要经过精准的结构核算才能确定，特别是那些需要挂重灯、设备或者造型繁杂的吊顶，一定要重点校核龙骨体系的承载能力，以免因为荷载过重造成吊顶下沉或者变形。铝合金龙骨则以轻质、耐腐蚀、造型多样的特点，在家庭装修、办公室等小空间以及潮湿环境下被普遍使用。在选材时，要仔细检查材料的出厂合格证和性能检测报告，还要对进场材料的规格、镀锌层厚度（针对轻钢龙骨）、氧化膜厚度（针对铝合金龙骨）展开抽查，坚决不让不合格的材料进入现场。

龙骨体系的安装精度决定着吊顶工程的成败。施工流程以精确的弹线开始，施工人员用激光水准仪在墙面四周弹出吊顶的设计标高线，作为整个吊顶平面的基准，然后在顶板上找到吊杆的悬挂点位，吊杆的间距和布局要按照设计图纸执行，保证主龙骨受力均衡。吊杆和顶板的衔接一般用膨胀螺栓或者预埋件，锚固深度和抗拉拔力是关键的质量把控点，主龙骨借助专门的挂件和吊杆相连。安装完毕之后，一定要做起拱处理，也就是让主龙骨的中心位置比两端高些，起拱高度一般是房间跨度的 0.1% ～ 0.3%，这样做是为了抵消吊顶装好饰面板和设备以后产生的挠度，保证最后顶面是平直的。次龙骨垂直于主龙骨安装，次龙骨的平整度直接影响到饰面板的安装效果，龙骨框架全部安装完毕后，要对整个龙骨框架进行检查和校正，保证龙骨框架的牢固性、平整度和标高。

龙骨体系构建时，对节点细节的处理格外关键，因为这些细节往往是吊顶安全与美观的短板。主次龙骨相接之处，龙骨与墙或柱子交接处，灯槽、风口、检修口之类的地方，都需要精心设计并施工。以开设检修口的地方为例，一定要在洞口周围布置加强龙骨，形成一个独立的框架，这样就能保证洞口周边的刚度，避免饰面板因应力集中而开裂。造型复杂，曲线或叠级的吊顶，传统做法是现场切割、拼接龙骨，这样做效率低，精度难以保证。现代化的方法是借助 BIM 或者三维 CAD 软件对吊顶展开深化设计，把复杂的龙骨框架拆解成标准件，之后在工厂里做好预制加工，到了现场只要依照编号拼装即可。这种预制装配式的施工方式，既能保证造型准确无误地呈现出来，又缩减了现场施工的时间，提高了工程质量。

（二）面板安装与节点处理

饰面板的安装是把吊顶的设计蓝图变为现实的重要环节，其施工质量直接决定着吊顶的最终效果。以使用最广泛的纸面石膏板为例，它安装的工艺就要求严格。板材的固定要从中间往四周顺序进行，这样才不会出现内应力。自攻螺钉是主要的固定件，其间距、拧入深度都有具体规定。螺钉头要稍微埋入板面，但不能切断护面纸，这样才能保证后续的腻子处理能把它完全覆盖起来，螺钉拧入的深度需要借助带扭矩控制的电动螺丝刀来掌握。对于矿棉板、铝扣板等模块化吊顶，安装重点是保证板缝的横平竖直、均匀一致，整个图案的完整。安装时一般从房间的中心线开始向两边对称进行，这样可以保证边缘的非整板块均匀分布在房间的两边，从而达到视觉上的平衡与和谐。在安装时要轻拿轻放，保护好面板的边角，防止磕碰。

接缝处理是达到无缝吊顶的关键工序，也是最能体现施工人员技艺的地方。纸面石膏板之间的接缝处理不好，很容易在后期因为温湿度的变化或者建筑微小的沉降产生裂缝，影响美观。标准的接缝处理流程分为嵌缝和贴带两步。首先用专用的嵌缝石膏将板缝填实刮平，待其初凝后，在接缝表面涂上一层接缝腻子，其次粘贴接缝纸带或者纤维网格带，用刮刀将纸带压入腻子中，挤出多余的腻子和气泡，使纸带与石膏板紧密结合。纸带的作用是增加接缝处的抗拉强度，防止开裂。贴好纸带之后，还要刮 1 ～ 2 遍封面腻子，每遍腻子都要在前一遍完全干透以后刮，逐渐加大刮涂的宽度，最后形成一个平滑过渡的接缝处。其中，材料的选择、腻子的稠度、刮涂的手法和干燥养护的时间，每一个步骤都会影响到最终防开裂的效果。

吊顶工程中的节点处理，体现出施工的精细程度，包含吊顶与墙面、柱子的衔接之处，不同标高吊顶的转变地方，各种设备末端如灯具、喷淋头、烟感器等与饰面板的收尾，吊顶同墙体的交接处，常常留有缝隙，用以应对不同材料之间的变形差别。这条缝隙可用装饰线条或者弹性密封胶加以解决，这样既能保持美观，又不会出现裂缝。至于嵌入式的灯具或者风口，它的开孔大小务必精准，边缘要平整光洁。安装设备的时候，它的重量不能直接由饰面板承受，要有独立的支撑体系与龙骨或者顶板相联系，饰面板只是起着装饰封闭的作用。有些具有特别声学或者防火需求的吊顶，其节点构造就比较繁杂，要按照设计图纸，用专门的材料和密封手段，保证隔声或者防火屏障的连续性和完好性。这些看起来很小的细节，却是保障整个吊顶系统性能和安全耐久的重要环节。

二、隔墙工程施工

（一）轻质隔墙系统与选型

轻质隔墙系统是现代建筑中非承重内隔墙的主要形式，它承担着分隔空间、布置功能的作用，相比于传统的黏土砖墙，轻质隔墙具有自重轻、施工快、可拆改、环保利废等优点。轻质隔墙种类多样，按构造方式分为骨架隔墙和板材隔墙两类。骨架隔墙以轻钢龙骨或者木龙骨作为受力骨架，两侧用石膏板、硅酸钙板等饰面板材覆盖，墙体内填充岩棉、玻璃棉等保温隔声材料，其厚度、隔声、防火性能均可灵活调整，是目前应用最广泛的系统。板材隔墙就是把工厂提前做好的条形墙板（玻璃纤维增强水泥板、加气混凝土板、复合夹芯板等），直接在现场拼接起来，整体性非常好，施工速度非常快。隔墙系统选型的时候，项目决策者一定要全面考虑很多因素：隔声效果很重要，用于分隔卧室、会议室等墙体，就要达到更高的隔声标准。防火性能也非常重要，它直接关系到建筑的消防安全，墙体一定要符合规定的耐火时间要求。此外，墙体的强度、抗冲击能力、吊挂能力，成本，这些都是选型的时候必不可少的依据。

不同轻质隔墙系统在具体应用场合里有着各自的适应性，玻璃纤维增强水泥（GRC）轻质隔墙板由于具备不错的防水防潮性能，很适合用在卫生间、厨房等潮湿的地方，而且它的强度比较高，可以承受一定程度的吊挂重量。在那些追求最快速度施工的商业建筑或者临时建筑里，采用两块面板加上中间芯材组合而成的夹芯板隔墙，如聚苯颗粒夹芯板或者金属面夹芯板，因为高度集成化并且安装起来很方便而受到欢迎。针对一些有特殊装饰要求的区域，比如企业展厅或者高端住宅，可以在轻钢龙骨骨架的一边或者两边用木饰面板、装饰水泥板这些高性能的饰面材料代替普通的石膏板，这样就能把结构和装饰融合在一起。所以隔墙系统的挑选流程，就是一个深度符合建筑功能定位、空间环境特性以及用户特定需求的过程，这就需要设计师和工程师对各种系统的性能边界有着非常深刻的领悟，这样才能做出最划算的专业抉择。选择隔墙系统时还要将其放在建筑全生命周期的经济性和环境影响评价框架中，传统经济性分析只考虑材料采购和施工安装的初期投资成本，全生命周期成本（LCC）分析把使用阶段的维护、修理、替换成本以及最后拆除处理的成本也包含进去。一个初始投资稍微高一点的系统，如果它的耐久性好、保养成本低，那么它的全生命期成本也许更有优势。环境影响的评价正越来越多地用生命周期评价（LCA）的方法，从原材料获取、生产制造、运输、施工、使用到最后废弃回收的整个流程，对能源消耗、温室气体排放、资源消耗等环境负担进行量化评价。这样一种综合性的评价方式，促使项目决策由单纯地追求短期经济效益转变为寻找经济、社会、环境效益之间的平衡点，促使建筑行业朝着可持续的方向发展。

（二）龙骨隔墙施工工艺

轻钢龙骨石膏板隔墙的施工工艺细致又系统，每一道工序都有质量把控。施工从准确的定位放线开始，按照设计图纸在楼地面、墙面、顶板上画出隔墙的位置线和龙骨的分档线，然后装好沿地、沿顶龙骨，用射钉或膨胀螺栓把它们固定牢靠。竖向龙骨的安装很关键，其间距要符合设计要求，一般是400mm或者600mm，而且要保持垂直。门窗洞口、墙体转角及端部等一定要装加强龙骨，这样才能保证这些地方的刚度和稳定。墙体内部管线的敷设要安排在封上一侧的石膏板之后，填充保温棉之前，对于那些穿越龙骨的管线还要做好保护工作。石膏板的安装同样很讲究，应该采取错缝拼接的办法，也就是相邻板材的横向接缝不能落在同一条竖向龙骨上，这样才能提升墙体的总体性，削减开裂的可能性。板材用自攻螺钉来固定，钉子之间的距离、钻入的深度以及离板边的远近都有具体的规范规定，这是确保板材和龙骨紧密结合，共同承受压力的基本条件。

接缝处理是决定龙骨隔墙最终平整度与抗开裂的关键工序。石膏板之间的接缝无论是否为板自带的企口边或现场切割的直角边，都必须做嵌缝和贴带处理。嵌缝要用专用嵌缝石膏，它的强度高，收缩小，能很好地填充缝隙。在嵌缝层上必须贴抗裂带，纸带和玻璃纤维网格带是常用的。纸带抗拉强度高，与嵌缝石膏结合好，是防开裂的首选，施工时要完全把纸带压入接缝腻子中，不能有气泡。玻璃纤维网格带就简单多了，贴完后还要至少上两遍封面腻子，把接缝处慢慢找平，和大面平滑过渡，把接缝给藏起来。每道工序之间都要等前一道腻子干透，不然后面的工序会带着水，把前面的腻子泡软，本来要变硬的腻子又得开裂，这样反而麻烦了。对墙角也就是阴阳角的处理也不可忽视，用金属或者塑料的护角条能保证墙角既顺又耐撞。

墙体空腔内的填充物以及管线的处理，直接影响着隔墙的隔声、保温和防火效果。对于隔声或者保温有要求的隔墙，当石膏板在其中的一侧封完后，需要在龙骨所形成的空腔内填充一定密度和厚度的岩棉板或玻璃棉板。填充时要保证棉板的连续性、密实性，不能有空隙，否则会形成“声桥”或“热桥”。电气管线的敷设必须符合电工规范，线管要固定在龙骨上，不可松动。在石膏板上开电气接线盒洞口时，应采用专用开孔器，洞口尺寸准确，边缘整齐。为了防止由于开洞口而影响墙体的隔声、防火性能，接线盒的背面要用专门的防火泥或者隔声密封胶封堵，尤其是背靠背的接线盒，这是保证隔墙系统性能完整的必要措施。所有的隐蔽工程，在封上另一面石膏板之前，都要经过监理工程师的检验和验收，还要留有影像资料，以确保质量可以追溯。

第三节 涂饰与幕墙工程施工

一、涂饰工程施工

（一）涂料体系与基层预处理

涂料体系选择是一项基于建筑功能需求、周边环境及视觉美观等科学考量的复杂工程，不是简单挑选一种颜色就行了，它早已变成一个庞杂的体系。现在建筑涂料早已形成一套完备系统，包含了底层涂料、中层涂料到表层涂料在内的完整组合，并且由于环氧树脂地坪涂料出色的耐磨性能、抗压性能以及耐化学品特性而成为工业厂房、车库地面的第一选择。聚氨酯涂料凭借其优秀的耐候性以及弹性广泛应用于户外钢结构建筑和需要防止开裂的墙面。氟碳涂料则因为它的耐久性以及自洁性，在高层建筑的外墙面这样难以护理的地方显得非常有应用价值。选择涂料体系的时候，一定要明白其化学成分和性能之间的关系，还要把它与建筑物预计能用多久、周围环境腐蚀程度、日照强度等条件联系起来。一个好的涂料体系方案，在整个使用时间内，花的钱不多却能把建筑表面好好保护起来，还能让它漂亮些，这是建立在材料科学之上的聪明想法。

基层预处理是涂饰工程中最基础也是最容易被忽略的部分，但有超过 70% 的涂层失效案例都可以直接或者间接地归因于基层处理的不充分。涂层与基层就像大树与土壤的关系一样，土壤的贫瘠或者污染必将导致大树的枯萎。对于混凝土基层而言，处理的重点在于清除表面疏松的浮浆层、修补孔洞和裂缝，利用机械研磨创造一定的粗糙度，增强涂层的物理附着力，而且必须严格控制基层的含水率和酸碱度，过高的含水率会导致涂层下形成蒸气压，从而导致涂层起泡，过高的碱性则会导致碱性物质与涂料中的酯类成分发生皂化反应，破坏涂层的黏结。钢结构基层的预处理主要是在钢材表面彻底清除铁锈、氧化皮及油污等，一般用喷砂或抛丸的方式，使其表面清洁度达到瑞典标准 Sa2.5 级以上的水平。底漆特别是富锌底漆或者环氧磷酸锌底漆在清洁的钢材表面上起着十分关键的作用，它们不但提供附着力，而且能通过牺牲阳极或者屏蔽作用，给钢材提供主动的防腐保护。

绿色环保涂料研发与运用的社会关注度不断提升，环保居住成为新的趋势，绿色环保涂料的开发与应用不可逆，因为挥发性有机化合物（VOC）排放量低的水性涂料正逐渐取代溶剂型涂料。现在水性涂料技术运用新型高性能丙烯酸、聚氨酯水性树脂的耐水性、抗污性、硬度等已接近并超过一些溶剂型涂料的特性，而水性涂料是绿色环保中最重要的组成部分。硅酸盐涂料和硅溶胶涂料也是另一种绿色的涂料分支。无机涂料以无机矿物为主要黏合剂，可与混凝土、砂浆等无机基层反应生成一种石化整体，并具有极强的透气性（即“呼吸”）功能，可以有效防止室内空气中的湿气在墙体里面积累而发霉及脱层。而且有些来自自然的涂料，如用贝壳粉、硅藻土等做成的生物质涂料，因为它们天生就有许多小孔，所以可以吸甲醛，调湿度，正在被高端住宅市场青睐。

（二）施工方法与质量问题

涂料施工的方法会影响到最后涂层的美观性，不同的方法适用于不同的涂料体系和不同需求的装饰。刷涂和滚涂这两种传统工艺在当前的小面积和复杂表面仍会采用。它们的设备简单，操作方便，但速度慢且留下的痕迹较深，要求工人有较高的技术要求。喷涂工艺尤其高压无气喷涂已成为现在涂饰工艺的主流施工方法，是利用高压泵把涂料雾化成非常细的微粒，均匀地喷射到物体表面，形成的涂层又平整又光滑、密实，施工效率是滚涂的几十倍。但是无气喷涂对基层的平整度要求比较高，而且施工过程中喷出的漆雾对环境和操作者的健康也会造成一定的影响，需要做好防护措施。而静电喷涂主要用于金属构件的工厂化涂装，利用高压静电场使涂料颗粒带电，然后在电场力的作用下高效地吸附在接地的工件表面，其涂料利用率非常高，可以达到 90% 以上，涂层均匀性也很好。

涂层质量问题是由材料、环境、基层、施工工艺等多种因素共同作用造成的。对其进行系统诊断并加以防治，是改良涂饰工程质量的关键。流挂现象，就是涂层在垂直面上局部变厚，呈现出“泪痕”状往下滴，这常常是因为一次喷涂太厚，涂料黏度偏低或者添加了太多稀释剂。橘皮现象指涂层表面像橘子皮那样不平整，其形成原因比较繁杂，也许和喷涂压力小、喷嘴与基面的距离不合适、涂料的流平性差有关。针孔和气泡大多与基层处理不当（孔隙没有被封住）、环境湿度太大或者涂料里混进了空气有关。防治这些缺陷的第一要义是“预防为主”，即在施工之前就制定好施工方案，对材料的配比以及施工时的温湿度要严格把控，对工人进行施工前的技术交底，在施工过程中要重视过程检验，用湿膜测厚仪等仪器来控制涂层的厚度，这是避免出现缺陷的有效手段。如果已经出现了缺陷，那么应该在涂层完全干燥前及时处理，或者待其完全硬化后再打磨修复，切忌在有缺陷的涂层上直接覆盖下一道涂层。

为了使涂饰工程最后达到设计和规范所要求的水平，必须有一整套从头到尾的质量保证系统。施工前的样板确认制度就是这一系列质量保证制度中的一个环节，在大面积施工之前，在现场选择一个有代表性的地方，按照既定的施工方案做出涂料样板，这个样板除了要用来确认涂料的颜色、光泽、质感等是否符合设计的要求之外，更为重要的作用在于，它可以给施工的工艺、涂层的厚度以及最后的质量验收标准提供一个直观的参照物，从而有助于业主、设计师以及施工方之间达成共识。在施工过程中对工程质量进行控制，主要依靠各种量化的检测方法。除了前面提到的湿膜测厚之外，当涂层干燥之后还要用干膜测厚仪（比如电磁感应式或涡流式）来检测最终的涂层厚度是不是在设计范围之内。附着力是评价涂层和基层结合紧密程度的重要指标，一般采用划格法或者拉开法来进行检测。对于外墙涂料而言，还要注意它的耐洗刷性、耐沾污性等性能指标。经过这样一系列科学而客观的检测之后，涂饰工程的质量把控就能从主观上的“看上去还不错”升级到有据可依的“数据上达标”的层次。

二、幕墙工程施工

（一）幕墙系统分类与性能要求

建筑幕墙是现代高层建筑的标志性“外衣”，它是由面板与支承结构体系组成的、能相对主体结构有一定的位移能力、不承受主体结构所受作用的建筑外围护结构。根据面板材料的不同，幕墙可分为玻璃幕墙、金属板幕墙、石材幕墙及组合幕墙等。玻璃幕墙以通透、轻盈的特性为建筑的立面表情增添了丰富的层次，按其构造形式又分为框支承玻璃幕墙、全玻幕墙和点支承玻璃幕墙，每种形式都有各自的力学传递路径和视觉效果。金属板幕墙则以铝单板和铝塑复合板为例，其加工性能好、色彩丰富，容易做成各种复杂的建筑造型；石材幕墙厚重、典雅，使建筑具有永恒的魅力。但无论用哪种系统，建筑幕墙都必须满足一系列严格的要求，如抵抗风荷载、地震作用的结构安全性能，防止雨水渗透的水密性能，控制空气渗透的气密性能，以及适应温度变化的平面内变形性能。还有保温隔热、隔声、防火、防雷等，也是幕墙设计时必须要考虑的性能。

不同的幕墙系统有着各自的结构原理与力学传递路径，这决定了它们的适用范围与视觉特征。框支承幕墙是幕墙中最经典的一种，它的面板所承受的荷载会经过四周的框架（立柱与横梁）逐层传达到主体结构上。这种力学传递路径清晰明了，技术成熟可靠，点支承玻璃幕墙追求最极致的通透感。它的荷载通过不锈钢驳接爪直接从玻璃面板传送到后面的支承结构上（钢桁架或者玻璃肋以及拉索体系），玻璃就像悬浮在空中一样，给人的感觉非常现代又具有技术美感，不过这种做法对玻璃的加工精度以及结构计算的准确性要求很高。全玻幕墙又更上一层楼，把玻璃肋当作支承结构，做到立面彻底透明。拉索式幕墙凭借预应力索网给玻璃施加支撑，外形轻盈漂亮，是力和美融合的佳作。对这些系统结构原理的深刻认识，是幕墙设计师展开方案创作和技术抉择的根基。

幕墙的“四性”能，也就是抗风压性、水密性、气密性和平面内变形性能，这是评价幕墙物理性能的关键部分，会通过严格的实验室检测来检验。抗风压性是指幕墙在风荷载作用下，保持不被损坏且正常发挥功能的极限能力，它关乎幕墙的结构安全。水密性体现的是幕墙在风雨共同影响之下，防止雨水渗透到室内的能力，它的设计很巧妙地应用了等压原理，借助减压腔和排水系统，使得雨水可以被有序地排出。气密性评估的是幕墙处于关闭状态时抵御空气渗入的能力，这对建筑节能和室内舒适度有着重要影响。平面内变形性考验的是幕墙系统应对主体结构受温度和荷载影响产生层间位移的能力，保证在结构变形期间幕墙不会被压坏或拉裂。

（二）框架式幕墙施工

框架式幕墙是目前使用最为广泛的幕墙形式之一，其施工流程具有很强的系统性和逻辑性，施工准备阶段最关键的工作就是测量放线。由于幕墙安装精度要求极高，必须使用经纬仪、水准仪、激光等设备，将建筑设计轴线和标高精确地投射到主体结构上，作为幕墙安装的控制基准。然后是预埋件或者后置锚栓的安装，这是幕墙骨架与主体结构连接的基础，其位置的准确性以及锚固的可靠性直接关系到整个幕墙系统的安全。立柱（竖向龙骨）的安装是幕墙骨架施工的重点，利用专用的连接件将其固定在预埋件上，通过顶丝等微调装置对它的垂直度和前后位置进行精准校准。横梁（横向龙骨）则用角码等连接件固定在立柱之间，横梁的水平度、标高也要严格控制，整个骨架系统安装完毕之后，要全面复核、验收，面板的安装是最后的饰面工序。玻璃或者金属板被安放在由立柱和横梁构成的格子里，再用压板和扣盖固定好，面板和框架之间靠密封胶条和耐候密封胶来密封防水。

密封胶在框架式幕墙中起到非常关键的作用，它除了具有防水、气密的作用外，还在有的构造中起到结构黏结的作用。幕墙用密封胶主要分为硅酮（聚硅氧烷）结构密封胶和硅酮（聚硅氧烷）耐候密封胶两种。结构胶的作用是将玻璃等面板黏结在框架上，从而传递风荷载等外力，所以结构胶的强度、耐久性、抗老化性必须保证，施工前必须做基材相容性、黏结性试验。耐候胶的作用是将面板与面板之间、面板与框架之间的伸缩缝密封，必须有良好的位移能力和耐候性，以经受长期的日晒雨淋、温度变化。密封胶的施工是细致活，对基材的清洁度、干燥度要求非常高，注胶要饱满、连续、无气泡，还要进行适当的压实和修整，这样才能保证密封胶与基材有效浸润和黏结。任何一处失误都会导致密封失效，从而造成幕墙的渗漏，这是幕墙工程中最为常见的质量通病。

框架式幕墙的节能效果，很大程度上取决于它的热工设计，尤其是对“热桥”的处理。传统的铝合金型材是热的良导体，会成为室内外热量传递的“桥梁”，使幕墙的保温隔热效果大打折扣。为解决这个问题，断热（桥）铝合金型材就出现了，它是在内外两层铝合金型材之间嵌入热导率很低的隔热材料［一般是聚酰胺（尼龙）条］，这样就有效地阻断了热量的传导。断热型材的设计和应用，是幕墙节能的第一步，幕墙的保温性能也与幕墙所选的玻璃是否为Low-E中空玻璃、空腔内填充的保温材料及安装节点的密封性有关，一个成功的节能幕墙系统是通过对型材、玻璃、密封、节点等各个部分的优化设计来实现幕墙的最小化U值（传热系数），为降低建筑能耗作出贡献。

第六章

建筑工程施工合同管理

第一节　建筑工程施工合同概述

一、建筑工程施工合同的本质与特征

（一）法律框架下的核心要义

建筑工程施工合同的本质远超于普通商业协议的范畴，它深深地体现出多重法律关系的交织与融合，既是民事法律关系里承揽合同的一种独特体现，又是一种受到建筑法、招标投标法等特别法约束的法律文件。这种双重身份使它在缔约、履行、变更甚至终止的整个生命周期期间，都务必依照契约自由与强制性规范并行的原则。它的根本目的就是通过书面形式，把发包人对未来建筑产品所抱有的构想与承包人将其变为现实的技术能力以及管理资源相绑定，从而形成一种以达成某项特定不动产建造为宗旨的权利义务共同体。合同不只是一个风险分配的工具，更是一个项目参与者行为的根本准绳与法律依据。合同的严谨程度与周延性直接影响着整个工程项目的成功与否，所以想要了解施工合同，就必须将其放在宏观的法律体系以及微观的项目实践的双重坐标系中去看待，如此才能领略到施工合同这个现代工程管理核心驱动力的真实含义。

合同的法律效力来源于其内容的合法与程序的正当，一份有效的施工合同，主体须具有相应民事行为能力和从业资格，这是建筑市场准入制度在合同层面的直接体现。合同标的物即拟建工程，必须符合国家城乡规划、土地使用、环境保护等一系列表前审批要求，任何规避法定建设程序的行为都会造成合同效力的根本瑕疵。合同所约定的内容特别是工程质量、安全生产方面的条款不得低于国家强制性标准，这是公共利益对契约自由的必要限制。合同订立时，无论是公开招标还是直接委托，都要依照公开、公平、公正的原则，任何串通投标、弄虚作假都会破坏合同成立的合法性根基。对合同实体内容和缔约程序的严格规制，体现出建筑工程合同承担的社会责任，它不仅关乎交易双方的经济利益，还牵涉公众安全和国家资源的可持续利用，所以其法律监督强度和范围远远超过一般合同。

建筑工程施工合同的特殊之处还表现在它与项目管理实践的深度嵌合上，它不是一份签署后就束之高阁的静止文件，而是一个动态的、伴随施工全过程的管理框架。合同条款赋予了项目经理决策边界和授权，比如工程变更的启动程序、索赔的提起时限、工程款的支付节点等，无一不是按照合同约定来执行。可以说，一部优质的施工合同就是一本为特定工程量身打造的管理手册，它把复杂的工程技术问题、多变的外部环境因素、紧张的资源调配需求，都用一系列法律和商业条款转化成可以预知、可以把握、可以操作的管理流程。项目管理团队对合同理解的程度以及运用的能力，直接决定着他们对项目的掌控程度，从这个角度来讲，合同管理并不是简单的法务工作，而是项目管理的重要职能之一，需要管理者既要有法律思维，又要有工程技术思维和经济核算思维，是一种复合能力。

在司法实践当中，对于建筑工程施工合同的解释和适用存在特殊的复杂性情况。在工程项目的长期性和独特性质下，使得合同实际履行必然遇到很多合同未事先考虑过的情形，这时候法官或仲裁员处理矛盾之时既得依照合同上白纸黑字的条款规定，又要通过多种合同解释办法探求当事人真实意图，还要参考行业规范做法、市场交易惯例等内容共同判定相关问题。比如是否适用情势变原则、黑白合同有效还是无效、工程价款优先受偿权益怎样行使等情况都属于建筑合同争议领域的疑难问题。这些问题的处理，既考验着裁判者的智慧，又反过来推动了相关法律法规以及标准合同范本的不断进步和完善，所以施工合同既是项目能够顺利开展的保障，也是法律与工程相互影响、相互促进的载体，每一个条款的背后，都可能蕴含着无数个项目的经验教训。

（二）经济属性与风险分配机制

建筑工程施工合同最重要的经济属性表现为一种高价值、长周期、高风险的经济交换活动。建筑产品是合同的标的物，投资巨大、价值固定，在建成之后其形态和功能很难轻易变更，合同之前阶段的决策和约定尤其重要，合同金额以数亿元到百亿元计算，决定了其在国民经济大框架中的地位及其对市场资金流和产业链供给的重大影响力。长周期意味着履行该合同的时段横跨若干个经济波动循环，必然无法避免材料价格上扬、人工费用调节、通货膨胀发生、金融环境变化这些宏观经济风险因素。这些风险就像藏匿于项目航程里的暗礁，倘若在合同里没有预先安排妥当的应对办法，就很容易造成成本失控、资金链断裂这样的颠覆性后果。所以，施工合同的经济属性就是一种面向未来的、充斥着不确定性的资源调配承诺，其条款的设计一定要具备足够的弹性与前瞻性，如此才能抵消漫长履约期间出现的各种经济风暴。

风险分配是施工合同经济功能的集中体现，也是合同谈判的焦点。一个均衡的合同其精髓就是把各种可以预见的风险，按照“谁最能控制风险，谁就承担相应风险”的原则，公平且有效地进行分配。如由发包人承担勘察设计资料错误、主要建筑材料价格异常波动等风险，发包人对项目前期工作、市场宏观走势等具有较强控制力；由承包人承担施工组织不当、技术方案失误、劳动力管理不善等风险，这些风险属于其专业管理和核心能力范围。这种能力与控制力的风险分配逻辑，是为了促使各方积极主动地进行风险管理，以降低整个项目的总体风险暴露水平。合同中的价格形式（固定总价、可调价、成本加酬金）也是一种宏观的风险分配手段，固定总价合同把大部分价格风险转嫁给了承包人，而成本加酬金合同则使发包人承担了绝大部分的成本超支风险，选择哪种价格形式，就是双方在风险与收益之间进行博弈的过程。

除了宏观的价格形式外，具体到合同条款更是细化了风险的分配，不可抗力条款界定了由于自然灾害、社会异常情况等双方均无法控制的风险，由哪一方承担风险以及工期是否顺延。工程变更条款是为了应对设计优化、功能改变等主动性的改变而提供的一套程序性框架，并且界定了由此带来的费用和工期的调整。索赔与反索赔条款更是给合同一方因对方违约或者应当由对方承担的风险事件带来损失时，提供了一条清晰的补偿渠道。这些条款织成了一张细密的风险管理网，试图把将来可能发生的各种不确定性都放进一个有章可循的契机框架里处理。好的合同还会引入保险机制、保函制度这类第三方风险转移手段，从而加强项目的抗风险能力。可以说，一部施工合同的谈判史，就是一部项目风险识别、评估和分配史，其经济智慧就在于这张风险分配蓝图的设计上。

风险分配不公或者模糊是造成工程争端的第一个原因，在实践当中一些发包人凭借着自己的市场优势地位来使用格式条款，将那些应该自己承担的风险如不能预料的地质情况等硬塞给承包人，这些类似“霸王条款”短期看起来对自己有利，但长期来看却埋下了隐患。承包人如果面对这样的事情没有能力应对，就可能选择偷工减料、消极怠工等方式转嫁损失，这不但会损害工程质量以及整个项目的利益，而且很可能会使整个项目陷入僵持乃至诉讼的困局之中。典型的案例是某大型商业综合体，发包人和承包人在合同里约定好地质状况“包死”，然后实际开挖的时候出现大面积的溶洞使得支护成本陡增，于是承包人实在承担不了就半途放弃，耽误工期数年，发包人也失去了最佳的商业时机。这一事实说明在合同里对于风险责任划分的机制一定要有一个动态的平衡，在保护各方合理利益的情况下达成一种可以同舟共济、一起前进的同盟，这才是最大的利益来源。

二、建筑工程施工合同的主要类型

（一）固定总价合同的适用性与风险

固定总价合同又叫“闭口合同”，即在合同中确定一个固定的、不因市场价格变化或工程量实际变化而轻易改变的合同总价。固定总价合同的优点是价格确定，便于业主投资控制，所以在工程范围明确、设计深度足够、技术方案成熟的情况下，固定总价合同被广泛采用。对发包人来说，选择固定总价合同最大的动因就是把价格风险尽可能地转嫁给承包人。一旦合同签订，发包人就可以相对准确地锁定项目的总成本，这为发包人今后的资金规划和融资安排奠定了基础。在政府投资项目或者有严格预算限制的商业开发项目里，这种价格的确定性特别重要，它简化了过程结算的繁杂之处，缩减了发包方在施工阶段对工程计价的审核管理工作量，让管理重点更多地放在对进度和质量的监督上。从项目治理角度来看，固定总价合同给发包人赋予了一个清楚的成本范围，有利于防范“钓鱼工程”和预算超支情况的出现。

但是对承包人来说，固定总价合同就是承担了几乎所有的量价风险，就像一个出发前就要把整个旅途中的所有花费都准确算清楚的旅行者一样。承包人要在投标报价的时候，根据手头有限的图纸和资料，去预测未来好几年施工期间会发生的所有成本，包括人工、材料、机械的价格上涨，还有因为图纸不清楚或者施工条件改变可能带来的工程量增加等，这就要求承包商要有很高的报价技巧、很多的项目经验、很强的风险预测能力。一旦预测出现偏差，或者履约过程中遭遇了超乎预料的通货膨胀或者市场波动，承包人就会承受亏损的压力，为了规避这种风险，承包人的报价里常常会包含一部分不可预见费或者风险费。这样一来，在正常情况下，固定总价合同的签约价往往要比其他合同形式高一些。所以，这种合同模式给承包人的综合实力带来了严峻的考验，那些实力不强或者风险管控能力较差的企业，在固定总价合同的“火炉”里很可能会被迅速淘汰。

固定总价合同能够成功应用的前提条件是“固定”的基础要牢靠，这个基础就是一份完整、清晰、没有歧义的合同文件，尤其是工程量清单和施工图纸。如果项目设计深度不够，图纸错漏百出，或者工程范围描述模糊，那么所谓的“固定总价”就会成为空中楼阁。在履行过程中，承包人会不断以设计变更、范围不清为由提出索赔，使得“总价固定”的初衷被频繁的调价所瓦解，最终变成“总价不总、闭口不闭”。典型的反面例子就是某座城市地标，因为设计采用了很前沿但是还不够成熟的方案，施工过程中频繁设计变更，最后结算远高于最初定死的总价，导致了旷日持久的造价纠纷。这也告诉人们，固定总价并不是灵丹妙药，它更像一把精巧的手术刀，只有对症下药（项目），使用合格的工具（文件），才能量身定制，发挥效用。

在实际操作过程中，为了兼顾双方利益，纯粹的固定总价合同正在变得越来越少，取而代之的是“可调的”固定总价合同。在锁定总价的同时，留有一些有限的调价窗口，比如合同里约定，当国家法律政策发生重大变化（如税率改革、环保标准提升），或者当某些重要材料的价格波动超出一定范围（如 ±5%）时，允许对合同价格做出相应调整。这样既保留了总价合同便于投资控制的优势，又给承包人应对自己不能控制的宏观经济风险提供了一条合理出路，增加了合同的公平性与执行的可持续性。针对工程变更以及超出正常范围的工程量增减，合同也要给出明确的计价准则，通常会依照投标时的单价或者重新组价。这种灵活的、有条件的“固定”显示了合同管理思想的进步，它由原先追求绝对的刚性转变为追求一种更具韧性、能应对变化的契（下转）约关系。

（二）成本加酬金合同的运行机制与挑战

成本加酬金合同是一种完全不同于固定总价合同的成本计算模式，它最大的特征就是把发包人所应付出的款项划分为两大部分：一是全部经过审计核实的、承包人完成工程项目所产生的实际费用开支；二是另外支付给承包人的那笔用作其对管理服务与自身盈利的报酬。这种定价方法的基本思想，就是要把几乎所有的价格风险交由发包人单独去应对，如此就能使承包人集中精力专注于达到项目的各种技术目标以及质量与进度要求等方面的目标，而不必过多顾虑是否会产生超出预期的费用支出。这种定价模式比较适合一些事先无法完全明确其具体范围的项目，比如一些需要边设计边施工且技术水平非常新颖或者充满很大危险性的工程，例如抢险救灾工作、尖端科研实验室或者具有实验性质的新结构建筑等。在这些场景里，强行使用固定总价模式既不实际又很危险，承包人为了避开风险，可能会采用太保守的技术方案，这样就扼杀了项目的新鲜感。成本加酬金合同则提供了一个开放透明的合作框架，发承包双方像是结成了风险共担、利益共享的伙伴。

酬金怎么确定是成本加酬金合同的设计关键。酬金可以有不同的形式，最简单的就是最常用的，成本加上固定比例的酬金，酬金就是成本的实际比例。但这有个明显的问题，它可能在潜意识里鼓励承包人“做大”成本，因为成本越多酬金越多。为了消除这个弊端，发展出了更加精妙的酬金模式——成本加固定金额酬金，成本固定之后，就等于酬金事先定死了，也就不能去增加成本了。更进一层的是有激励机制的成加酬舍合同，双方可预先设定一个“目标成本”，若最后的实际成本小于目标成本，则承包人可分享节余部分的一定比例作为附加奖金；相反若超过了目标成本，则需要相应扣除其酬金。“奖优罚劣”的设计巧妙地把承包人的利益与项目的成本控制目标绑定起来，促使承包人在保质保量完成工期任务的同时主动参与成本优化与管理创新工作。

虽然成本加酬金合同在应对不确定性方面有着独特的优点，但是也给发包人的项目管理带来了一个非常大的挑战，最困难的挑战在于确定“可报销成本”。合同要提前明确哪些费用是工程直接成本（人工费、材料费、机械费），哪些是施工管理费（现场管理人员工资、临时设施费），哪些费用（承包人总部管理费、罚款、返工费）是不能报销的，在履约过程中，发包人要形成一支强大的现场管理队伍，对承包人每一笔成本的使用进行严格的同步审查和确认，防止成本被滥用和不合理开支。这就要求发包方要深入施工的一线，核查账目单据，核算资源的使用效率，其管理投入远远高于固定总价合同。如果发包人的监控能力不够强，那么成本加酬金合同就变成了一张任由承包人填写的“空白支票”，项目投资将完全失控。

另一个严峻挑战是承包人管理效率的评估与激励。当成本能得到全部补偿时，承包人缺乏足够的外在压力去提高管理效率、改进施工方案、积极谈判采购价格。虽然激励性酬金机制理论上能解决此问题，但实践中目标成本的确定本身就是个难题。若目标成本定得太高，激励就没有意义了；若定得太低，对承包人就不公平，会挫伤其积极性。所以确定目标成本，就要依靠详细的历史数据和专业的成本估算模型，还要对项目的风险进行充分的评估，这本身就是一个技术含量很高的工作。成本加酬金合同的项目能够取得成功，往往需要发包方和承包方在项目的初期就建立高度的信任、高度的信息透明度，一起参与制定目标成本，并且在执行的过程中，保持密切的沟通和合作，这已经超出了传统的甲方和乙方交易关系，更像是一种深度的项目联盟。

第二节　施工合同的订立

一、招标与投标

（一）资格预审及招标文件编制

资格预审属于招标流程的入门环节，其主要目的就是通过设置合理的准入门槛，挑选出那些在财务情况、技术水准、经营业绩、企业信誉等各方面都具备履行合同能力的潜在投标方，这样就能保证接下来的投标竞争在较为同质化、高水平的群体里展开，从而有效地规避因为投标人能力不足而造成的毁约或者履约失败现象，还能明显削减招标人在后续评标阶段的工作量。资格预审的标准设定一定要科学、公正而且具备相关性，不能太高以至于把有能力的竞争者排除在外，形成实质性的歧视，也不能太低而致使审查变得毫无意义。一般情况下，预审标准会包括企业注册资本、以往类似的项目业绩、项目经理资质与经验、技术人员数量、施工设备拥有情况、财务报表（流动比率、资产负债率）、是否存在重大不良行为记录等，整个预审过程要非常程序化、透明化，评审委员会按照预审公告里提前公布的预审标准给申请文件打分或者“合格”“不合格”，然后把结果告诉所有申请人，接受大家的监督。

招标文件的编制是招标工作中技术含量最高，也是最核心的一环，它的好坏直接影响到招标的成败甚至整个项目的命运。一份好的招标文件应该是一部为该项目量身定做的“法律和技术大全”，其内容详尽，措辞准确，逻辑严密，使得所有投标人都能基于相同、无二义性的信息基础公平竞争。其内容大致包括：投标人须知，宣告招标活动的基本规则、时间点、文件要求；合同主要条款，即前述的专用合同条款初稿，确定了未来权利义务的框架；技术标准和要求，描述了工程要达到的质量、性能、材料、工艺等细节；图纸和工程量清单，是投标人计算工程成本、形成投标报价的主要依据；评标标准和方法，公开告诉投标人其标书将如何被评价。编制过程中，招标人要防止出现倾向性、排他性条款，“量身定做”，让每个潜在投标人都有公平的机会，这是招标公正性的基本要求。

在编写技术标准与要求的时候，务必保证功能与性能的要求，又不指向某一个具体的专利、商标、品牌或是供货商，除非无法使用更清晰的语言去表达，还务必加上“或相当于”字样。这样做目的是打破技术壁垒与市场垄断，促使大家展开充分竞争，从而可以使招标人从更多的解决办法中选择最合适者。以指定某种装饰材料为例，应着重描述它的防火等级、耐磨性以及环保程度等指标，而不是指定某一款高价品牌。至于工程量清单，一定要遵照国家统一的计量规定，要把清单项目的划分做到既合理又适当，针对项目的特征加以细致的描述，尽量杜绝因出现清单错项、漏项或者特征描述不清楚而造成的各投标人在把握工作范围时产生偏差，从而令各个投标者的报价失去可参照性，给日后的合同变动及索赔留下问题。一个经典案例就是某大型桥梁项目，由于工程量清单对于钢箱梁防腐涂装工艺特征的描述过于简单，致使各家报价相差悬殊，中标后双方对工艺细节产生严重分歧，从而引发长期的造价争议。

评标标准是招标文件的“指挥棒”，它指引着投标人的投标策略。评标标准的设计要与项目的最核心需求紧密结合，如果项目最看重的是成本控制，那么价格分在评审中的占比就要相对高一些；如果项目技术复杂、质量要求苛刻，那么技术方案分的占比就要占到主要地位。最常用的评标方法有经评审的最低投标价法和综合评估法。最低投标价法适用于技术方案相对简单、标准统一的通用性项目，其优点是简单、客观，但也容易引发低价恶性竞争。综合评估法就是对投标人的报价、技术方案、施工组织设计、项目管理团队、企业信誉等多个方面进行综合打分，更能体现投标人的综合实力，是复杂项目的首选。无论采用哪种方法，所有评审因素及权重、具体的打分细则等都必须在招标文件中公开，使评审过程中的每一步都有据可依，从而最大限度地减少评委的主观裁量空间，确保评标结果的公信力。

（二）投标文件的准备与递交

投标文件的准备是一场技术、商务、法律、策略的大集合，是检验投标人的综合实力。拿到招标文件之后，首先要成立一个由项目经理、预算工程师、技术负责人、法务人员等组成的投标核心小组，对招标文件进行一字一句的研读分析。这就像一次精密的战略侦察，目的是把招标人的真正需求、项目的节点、风险、评标的重点、合同的“游戏规则”弄清楚。团队成员要开很多次内部澄清会，把各自的所思所想和疑问拿出来碰撞，找出招标文件里的任何模糊地带或者潜在的陷阱，对找到的疑问一定要在招标文件规定的截止时间之前，用书面的形式向招标人或者它的代理人提出澄清的要求。一个经验丰富的投标人，常常可以从招标文件的字缝里看出一些项目的“题眼”，从而做出更有针对性的投标方案。

投标报价是投标文件的灵魂，编制投标报价的过程是一门艺术，报价过高会失去竞争力，过低则会亏本。预算工程师要以工程量清单和图纸为依据，结合自身企业的施工定额、市场材料和人工价格信息、拟投入的施工机械和施工技术方案，进行细致的成本测算，这不仅是一道简单的算术题，更是一道复杂的主观题。比如要考虑施工现场的交通状况、季节性气候对工效的影响、周边社区对夜间施工的限制等非标准因素，在成本测算的基础上还要加上企业的管理费、利润以及对项目风险的预估（风险金）。在最后决定报价之前，管理层还要做策略调整，是低价冲标，抢夺市场，还是要保证利润，保证项目质量。这要看企业的市场策略以及项目的轻重缓急，不平衡报价策略，就是说有策略地把可以早开工或者预估会大量增长的子目单价调高，把后面开工或者预估会少的子目单价调低，这是一种很常见的报价策略，但用不好也会被认为是“不合理报价”，导致废标。

施工组织设计是表现投标人技术实力及管理才能的主要形式，也是促使评委会认可“我能把这个项目办好”的关键议论。一份好的施工组织设计绝不会是生搬硬套、照本宣科的一般模板，而是依照项目特性“量身定做”的独特解决方法，必须细致交代准备采用的施工规划及手段，特别是对工程关键、繁杂节点具有独到应对策略，以深基坑为例，选用桩锚体系还是地下连续墙。大跨度结构到底是高空散拼还是地面拼装整体提升，这些都需要做充分的技术经济比选论证。而施工组织设计里还要包含详细的进度计划网络图、资源投入计划、质量保证体系、安全文明施工措施、环境保护措施等，形成一个完整、闭环、可操作的管理蓝图。这样一份文件就是投标人在向招标人展示“我会做什么”的时候，也在告诉招标人“我将怎样系统、高效、安全地把它做好”。

投标文件的最终封装和递交，是整个投标工作的“临门一脚”，不能有半点马虎。所有的投标文件都要严格按照招标文件要求来打印、装订、签字、盖章，还要分清楚商务标（报价部分）和技术标，分别密封在两个信封里，密封条上要加盖单位公章，以表明在开标之前没有被打开或者修改过。递交的时间也要严格按照招标文件规定的截止时间来进行，任何晚于截止时间送达的投标文件，都会被招标人拒收，这是招标程序中的“高压线”。为了防止交通堵塞，经验丰富的人一般都会多带一些投标文件，而且会安排专人送达。投标文件递交完毕之后，一定要拿到招标人开具的签收回执，这是证明成功递交的关键凭证。

二、合同谈判与签署

（一）谈判的核心要点与策略

合同谈判是缔约前的最后一道关口，其目的就是在招投标结果的基础上，就合同的非实质性条款进行最后的谈判和明确，使合同文本能够清晰、完整、无歧义地反映双方的共识，并且具有较强的可操作性。谈判的首要焦点，就是对项目管理团队和关键人员的最终确定。虽然投标文件中列出了拟派驻的项目经理和技术负责人，但是发包人在签订合同之前，有权对上述人员的资历、经验等进行重新核实，甚至进行面试，以确保其符合项目的要求。双方要对主要管理人员的授权范围、更换程序、最晚驻场时间等作出明确规定，并把这些内容当作合同附件，这样可以防止中标以后“偷梁换柱”，保证执行合同的是一支具有实力的队伍，因为人是项目成功的最重要因素，抓住关键人员就等于锁定了项目的成功概率。

谈判要围绕着施工准备与保障条件来进行，发包人要在谈判里表明自己给予施工场地、临时水电接口、道路通行权、有关许可批件的具体时间点和标准，这些都是承包人顺利开工的基本条件。承包人则要阐述自己的施工总平面规划、大型机械进场计划、主要材料的供应保证办法，双方应当就这些准备工作如何衔接达成详尽的协议，形成一份“开工前的准备事项清单”，并确定如果一方不能按时做好这些准备工作应当承担的责任。比如因为发包人没按时做好征地拆迁工作致使承包人不能进场，由此产生的窝工损失以及工期延误，要有清楚的赔偿计算办法，这种对细节的预先处理可以防止项目在开始的时候就因为准备工作不足而陷入混乱与扯皮，从而为后续顺利施工打好根基。

价款支付的细节属于商务谈判里非常关键的部分，这关乎承包人的现金流状况以及项目能否正常推进，总价或者单价已经确定，不过预付款占总价或者单价的比例、支付时间、进度款的计量方式及支付周期、质量保证金被扣留的比例和返还条件等，这些都要在谈判过程中加以细化。承包人会争取较大的预付款比例和较短的付款周期，以此来减少自身前期垫资的压力，发包人则想把控支付节奏，把资金风险降到最低。双方的博弈要找到一个平衡点，比较公平合理的方案就是把进度款支付与关键节点的完成情况联系起来，用银行保函之类的形式来代替部分现金质保金，这样既保证了发包人的权益，又减轻了承包人的资金压力。在谈判的时候对于支付流程的每一个环节，从承包人递交付款申请，到监理工程师审核，再到发包人最后支付的时间，都要有明确的“天数”规定，避免款项支付出现无故拖延的情况。

合同谈判还要对潜在的争议、变更处理程序进行预演与固化，双方要一起检视合同里有关变更、索赔、争议解决的条款，以保证流程清楚、权责分明、可行。比如可以就变更指令的签发权限和流程、索（下转）赔意向通知的书面格式、争议调解会议的召集人等预先达成一些约定，谈判的目的不是假想将来一切顺利，而是设想将来可能会遇到各种艰难险阻，提前准备好一套应对这些困难的“工具箱”。一个成熟的谈判队伍，会带着对方一起想一想“如果……那么……”的各种情况，用这种压力测试的方式，考验合同条款的完备程度和韧性，经过谈判，双方不只是确定一份法律文本，而是建立一种基于规则的、面向未来的合作伙伴关系，为即将开始的漫长又辛苦的施工之旅，制定了共同的行为规范。

（二）合同文件的组成及优先顺序

建筑工程施工合同不是一份文件，而是一个由许多性质不同、来源不同的文件组成的文件集合体。这些文件共同组成一幅项目全貌图，也是一方当事人对另一方当事人权利义务的描述，理解合同文件的构成，是正确理解和执行合同的前提。一般情况下，一份完整的施工合同文件至少应该包含：合同协议书、中标通知书、投标函及投标函附录、专用合同条款、通用合同条款、技术标准和要求、图纸、已标价工程量清单及其他合同文件（如双方当事人协商一致的补充协议、会议纪要等）。这些文件从不同的角度——法律、商务、技术——来定义并约束项目。合同协议书是最高的法律承诺，中标通知书确认了合同关系的成立，投标函是承包人最重要的要约，条款、规范、图纸、清单则对如何履约做了详细的说明。

因为合同文件很多，而且是由不同的主体在不同的时间编写的，所以这些文件难免会有不一致的地方，有些是模糊不清的，有些甚至是相互矛盾的。如果发生这种情况，就要有一个清楚的解释，这样就不会无休止地争论。在合同中提前设定一个明确的文件优先顺序条款则很重要，这个条款会规定，当不同的合同文件对同一个事项有不同的规定时，应该采用哪一个文件。一般情况下，优先次序的确定遵循“后形成的文件优于先形成的文件”“专用性文件优于通用性文件”“更具决定性的文件优于辅助性文件”的原则。一个常见的优先次序排列是：合同协议书＞中标通知书＞投标函及其附录＞专用合同条款＞通用合同条款＞技术标准和要求＞图纸＞已标价工程量清单。将这种排序明确写入合同之中，就像给合同的解释体系里内置了一部“宪法”，对于未来可能出现的所有解读争端，提供了一个权威的裁决标尺。

图纸和技术标准作为工程实体“是什么”以及“怎么做”的核心技术文件，其在合同体系中的特殊性不言而喻。图纸以图形的语言直观地呈现出建筑的形态、尺寸、构造，技术标准则用文字语言表述出材料、工艺、性能的量化标准，它们互为补充，是判断工程质量的基础。合同履行过程中，对于图纸及技术标准的任何背离都可能构成违约。所以在签订合同之前，双方必须对作为合同附件的全套图纸及技术标准清单做详细的核对工作，核对版本是否准确、内容是否完整。数字化建造时代，BIM 也被越来越多地约定为合同文件的组成，甚至有时模型的优先级比二维图纸更高。在这种情况下，合同必须对模型的细致程度、信息维度、交付格式等方面做出说明，这也对合同管理人员的技术理解提出了新的要求。

已标价工程量清单是确定合同价款的主要商业文件，它列出了构成工程实体的各个分部分项工程及预估数量。投标人填报了相应的综合单价，该文件是过程计量和支付的直接依据，其单价通常作为工程变更计价的基础，清单中综合单价包含完成该项目所需的人工、材料、机械、管理、利润以及一定风险费用，所以清单项目特征描述是否准确完整，对单价合理性极为关键。如果实际施工的工作内容与清单的项目特征描述产生较大偏离，承包人就有权要求对单价予以调整。比如清单项目描述为“人工挖土”，但现场实际情况因地质坚硬需采用“机械破岩”，这种工作性质的根本变化使得原单价失去适用基础，所以对工程量清单的仔细审查是合同谈判阶段规避日后价格争议的关键工作。

第三节 施工阶段的合同管理

一、合同的履行与动态管理

（一）履约策划与开工动员

施工合同一签下来，项目就正式从“规划态”切换到了“执行态”，这时候项目能否成功的关键之处，就是怎样把那张纸上写的合同条款，转变成一套系统又可行的履约行动方案。履约策划就是这个转化过程里的关键步骤，承包方的项目经理要带头，带着核心团队再对合同做一次更深入的“解剖式”阅读。这次阅读不是为了找出条款的毛病，而是要把合同里所有与承包人有关的义务规定，一一拆解成一个个具体又可执行的管理任务，然后明确每个任务由谁负责、什么时候做完，最后交什么样的成果。比如，合同里约定的质量标准要分解成细致的创优规划、质量控制点；合同工期要分解成细致的三级进度计划网络图；合同价款要分解成成本控制目标、资金使用计划。这就是把合同的“法律语言”翻译成项目管理的“行动语言”，形成指导整个项目运行的“履约总纲”。

履约策划的另一项重要工作就是识别合同中的关键风险和机遇并制定相应的应对预案，项目团队要系统梳理合同里有关变更、索赔、不可抗力、价格调整等内容，预估项目执行期间可能促使这些条款生效的情景。对于风险而言，诸如关键设备交付迟缓、设计图纸供给不及时，或是碰上台风季等，均需事先拟定应对策略，备用供应商、与设计院的交流方案、抢险应急预案等都涵盖其中。至于机遇，合同里可能存在一些价值工程方面的奖励条款，采用新工艺或许能带来奖励之类的东西，也要制定专属的实施计划，力求把这些潜藏的收益变成现实。这种根据合同来开展的风险和机遇管理，使项目团队在面临将来不确定情况的时候，由被动应付变为积极把控，履约的预见性和掌控力因此得到极大提升。

内部履约策划完成后，开工前的动员与交底是保证合同顺利开展的第一步，即面向项目管理团队的内部交底，项目经理要向所有的核心成员仔细讲解合同的重点和难点，尤其是那些涉及商务、法律的敏感条款，统一大家对合同的认识，让大家都知道自己该做什么，该怎么去做，这样才能防止项目执行过程中，因为各部门、各人对合同理解不一样而产生内部矛盾和决策错误。

一个常常被忽略但又极其关键的部分就是针对主要分包商与供应商的合同交底，很多总承包合同里的要求，尤其是那些关于质量、安全、进度以及环保的规定，最终还是要靠分包商和供应商去实现。所以总承包商要负责把主合同里与自己有关联的“背靠背”条款，清楚又准确地传达到下游合作方那里。譬如主合同对于某种材料的验收标准，就一定要毫不打折地体现在采购合同里面，主合同里对安全文明施工的要求，也要成为所有进入工地现场的分包单位必须要遵守的硬性规定。要通过层层交底，把主合同的要求拆解并传达到项目的每个“神经末梢”，才可能形成一个责权明晰、步调一致的履约共同体，保证整个项目体系全都围绕着同一种“总谱”（也就是主合同）来协同运作，从而为合同的全面、圆满履行奠定扎实根基。

（二）进度、质量与安全控制

施工阶段进度控制，就是对合同工期承诺的动态兑现，其主要工具是一份按合同总工期目标分解而来的施工进度计划。这份计划不仅要以横道图或网络图形式，把各项工作的起止时间、逻辑关系和持续天数一清二楚地表现出来，还要找出项目中的“关键线路”。因为关键线路上的任何一个工作一旦延误，就直接意味着总工期的延期，所以项目管理者的第一项任务，就是把优秀的人、良好的设备、充足的钱，都优先投入到关键线路上。履约过程中，要形成定期的进度跟踪和报告制度，通过现场实际进度数据的采集，与计划进度展开对比，尽早察觉到偏差。一旦产生偏差，就务必马上剖析偏差产生的缘由，是资源投入不够，技术方案有毛病，还是外部条件发生改变，然后尽快采用纠偏措施，增添作业班组，调整施工工艺，改良资源调配等，把耽误的时间“抢”回来。

质量控制的目标，就是保证最终交付的建筑产品，能够完全符合合同中约定的技术标准和要求。质量控制是一种“过程决定结果”的管理工作。质量控制不是等到最后验收的时候再去做，而是要渗透到施工的每一个环节当中。从材料进场检验开始，到钢筋绑扎，到模板安装，到混凝土浇筑，再到装饰面处理，每一道工序都要设立质量控制点。事前预防（技术交底、样板引路），事中控制（旁站、巡检、平行检验），事后检验（实测实量、试验检测），所有的质量检查、验收活动，都要留下详细的书面记录，要让相关的责任人签字，形成一个完整的质量档案，可以追溯。当出现质量问题时，一定要按照合同规定的流程，签发整改通知单，还要监督对方把问题整改好，这样的全过程、全员参与、以数据为依据的质量管理，是达成合同质量的根本保障。

安全生产是施工合同履行中不可逾越的红线，它关乎人员的生命健康，也牵动着企业的声誉与项目的成败。合同中一般会设立专门的安全文明施工条款，约定双方的安全责任，要求承包人构建起完善的安全管理体系。在实际操作中，这就意味着项目部要将“安全第一，预防为主”这句口号真正落地。开工之前，要对所有进场人员开展安全教育并实施三级交底；施工期间，要依照危险性较大分部分项工程的专项方案审批及专家论证制度，其中深基坑工程、高大模板支撑体系以及起重吊装作业等均属于重点管控范围。安全检查员必须在现场不停地巡查，随时发现并纠正不安全的行为，消除物的不安全状态，对安全防护设施、劳动保护用品的发放和使用必须严格把关，定期召开的安全例会、应急演练是提高全员安全意识和应急处置能力的有效途径。安全管理投入的不是成本，而是对生命最根本的投资，也是合同能够继续履行的基础。

进度、质量、安全这三大控制目标，不是各自独立的，而是彼此交织、相互影响的一个整体。片面追求进度，大概率会以牺牲质量或安全为代价；过分重视质量，也大概率会导致工期不合理地延误。一个合格的项目管理者，必须知道怎么在三者之间做动态的平衡与统筹，比如抢工期的时候，更要加倍投入安全监控力量，做到"快而不乱"；采用新技术、新工艺来提升质量的时候，要全面考量这些新手段对进度的影响，并提前做好资源计划的调整。合同管理在其中扮演着重要的"裁判员"角色，当三者发生冲突的时候，合同条款尤其是工期、质量标准、变更程序的约定就成为如何决断的最后依据，如因为发包人提出更高的质量标准而造成的工期延长和费用增加，承包人就有权依据合同提出索赔，这就杜绝了盲目赶工、以牺牲质量为代价的短期行为。

二、变更、索赔与争端处理

（一）工程变更的管理与计价

工程变更是建筑项目复杂性与动态性的必然产物，几乎无一项目能按最初图纸一成不变地执行下去。变更的缘由繁杂，或是发包人想改良功能，改善标准而自行提议的设计改动，或者由于现场实际状况与设计不符、法规标准改变、材料设备更新换代等客观因素引发的被动调整。合同管理的关键并非阻止变更，而是形成一套规范、高效且可行的变更管理流程，保证每次变更都在可控范围内进行，并就其造成的工期和费用影响做出公正，合理的判定和处理。一个不受控制的变更管理，是造成项目成本超支和工期拖延的罪魁祸首之一。在合同中必须明确谁有权发出变更指令、变更的估价原则等，给这个不断变化的过程制定一个相对固定的制度框架。

变更管理流程一般由一份"变更意向书"或者"工程联系单"开始，当出现变更需求的时候，提出变更的一方（一般是发包人或者设计单位），应当以书面形式向承包人阐述变更的内容、范围以及要求，承包人在收到变更意向之后，要在合同规定的期限内，向发包人递交一份详尽的"变更建议书"，这份建议书既要包含执行变更所必需的技术方案，又要对它可能引发的费用变动和工期长短做出初步估算。发包人和监理工程师审查、评估这份建议书，如果有必要，与承包人进行协商之后，才会发出一份有约束力的"变更指令"，承包人只有在接到这份正式的书面指令以后，才可以开始执行变更。那些未通过这个流程的口头指令或者非正式的交流，都不能被看作是有效的变更指令，这是承包人保护自己权益、防止"干了活却拿不到钱"的基本原则。

变更的计价是变更管理中最重要的也是最易引起争议的环节。合同一般会约定一个层次的计价原则。第一种情况，对于变更工作，如果在已标价工程量清单中有相同或类似子目，那么就直接采用该子目的单价，这是最简单、争议最少的情况。第二种情况，如果已标价工程量清单中没有与变更工作相同的子目，但是有类似的子目，或者可以参考已标价工程量清单中某几个单价组合或换算，则采用“组价”方式形成新单价。新增加的一项砌体工作，人工、砖、砂浆单价在已标价工程量清单中都可以找到，按照合理的配合比计算，就可以得到新的综合单价。如果变更工作内容是全新的，不能按上述两种方法计算的，那么由承包人根据市场价格信息、企业成本数据等，编制一份详细的成本分析报告，由发包人（或委托的造价咨询单位）审核，双方协商确定一个公平合理的价格，这个价格称为“全新单价”。

在处理变更时，要关注变更带来的直接影响，也要关注它可能引发的“连锁反应”，即对其他工作的牵连。比如，某项在主体结构施工阶段提出的变更，增加地下室设备房间，除了自身的土建、安装费用外，还会引起后续机电管线、装饰装修等工作的大面积调整，进而影响总工期。如果仅就变更工作来计价，忽视了这种影响，那么对于承包人来说是不公平的，所以承包人在提交变更估价时，应当从整体上分析变更给整个项目施工逻辑带来的冲击，把由其引起的赶工措施费、停工窝工损失、管理费用增加等一并计入估价范围。一个完善的变更管理体系，应该能够全面、动态地反映变更的“全部”影响，而不仅仅是其“局部”成本。

（二）索赔的识别、准备与提交

索赔是合同管理中一项具有对抗性但又完全合法的权利行使活动。索赔是指在合同履行过程中，一方由于另一方未履行合同或者出现了应当由对方承担风险责任的事件而遭受了时间或金钱上的损失时，依据合同向对方提出补偿要求的行为。索赔不是无理取闹，也不是故意找茬，它是保护自身合法权益、恢复合同原状的一种正当手段。一个健康的项目，必然存在一定数量的、处理得当的索赔。从承包人的角度出发，索赔事件主要有：发包人不能按时提供图纸、发包人不能及时提供施工现场、发包人指令错误导致返工、遇到异常恶劣的气候条件、遇到不可预见的地下障碍物、发包人不能按时支付工程款等。从发包人的角度来说，发包人也有可能因为承包人工程质量不合格、工期延误等问题向承包人提出反索赔。

索赔能否成功，很大程度上取决于索赔的准备是否充分、规范。索赔的关键是“证据”，一旦发现可能发生索赔的事件，项目部的第一件事就是要立即采取保全证据和收集证据的措施，包括拍摄反映事件现场的照片、视频，保存所有相关的书面资料，包括会议纪要、指令函、天气报告、地质勘察报告，建立详细的现场施工日志，记录每天的人员、设备投入及发生的各种异常事件，对由于事件发生的额外成本支出，单独建立台账，收集所有相关的发票、收据、工资单等。证据的收集一定要及时、客观、全面，形成一个相互印证的证据链，没有充分证据支持的索赔要求，不管理由听起来多充分，都是苍白的。

索赔的提出必须严格按照合同所规定的程序，尤其是“时效”这个要求。大部分标准合同范本，如FIDIC、中国示范文本等都设定了“28天”的意向通知时效，即承包人必须在知道或应当知道索赔事件发生之后的28天内向发包人或工程师提交一份索赔意向通知书。该通知书无须包含详细的计算，它更多的是起到一个宣告的作用：“一个可能引发索赔的事件已经发生，我保留就此提出索赔的权利”。这个程序性的要求十分关键，发包人能够及早知晓情况并采取措施来减少损失的扩大，若承包人在指定的时限内未发出意向通知，则会被视为放弃了此项索赔的权利。在发出意向通知之后，承包人还需要在合同规定的期限内递交一份详尽的理由、证据清单以及损失计算依据的正式索赔报告。

索赔报告的编写是一项非常专业的工作，它要把工程技术方面的问题、成本核算方面的问题以及合同法律方面的问题有机结合起来。报告的结构应该既清晰又严密，首先要清楚地讲述索赔事件是怎么发生的，经过是怎样的，然后引用相关的合同条款来证明这个事情应该由对方承担法律责任；其次要全面地展示出为了支持自己的索赔而收集到的所有证据；最后也是非常重要的一步就是对索赔金额进行计算。工期索赔的计算，大多采用网络计划技术，算出这个事件对于关键线路造成的影响，得出应当顺延多少天。费用索赔的计算，要详列那些因事件而引起的开支增加，如人工费、材料费、机械费等支出的增多，还有现场管理费、总部管理费以及本该获得的利润等。

第七章

建筑工程造价管理

第一节　建筑工程造价基本知识

第二节　建筑工程量清单计价

第三节　建筑工程项目造价管理

第一节 建筑工程造价基本知识

一、建筑工程造价的内涵与构成

（一）造价的动态性与层次性

建筑工程造价最突出的特质就是明显的动态性，这种特性存在于整个项目从萌芽到交付的全过程当中，完全打破了把工程预算或者合同价格当作静态数值的传统看法。在项目的可行性研究阶段，投资估算往往只是个大概的轮廓，其精确程度的范围存在较大的浮动可能。随着设计工作逐渐推进，从初步设计概算过渡到施工图预算，造价的确定性有所加强，不过这种加强并不是直线式地收拢，而是一直伴随着波动。每次设计发生改变，无论是出于业主功能需求的变化，还是为了适应规范标准的更新，都会直接导致造价被重新计算。进入施工阶段之后，造价的动态性表现得更为剧烈也更为复杂。潜在的地质条件变化、恶劣天气对工期的影响、新出现的材料或工艺，甚至市场环境里劳务和建材价格的瞬息万变，都像是投入平静湖面的石子，激起一串串成本涟漪。这种始终存在的变动性，使得造价管理不能停留在静态的核算上，而要变成动态的、前瞻性的过程控制，把不确定性当作管理的对象，而不是简单的例外情况。

造价动态性的推动因素是多元且互相缠绕的，不是单单市场价格波动就能概括的。在设计环节，BIM 技术的应用目的就是提高设计的准确度和协同性，它不断迭代加深的过程就是一个不断发现问题、优化方案、再调整成本的过程，每次碰撞检查之后的修改都会涉及结构、机电、装饰等多个专业的成本联动，施工现场的变量就更具体，也更直接。比如在城市核心区域做深基坑挖掘的时候，碰上未知的复杂管线或障碍物，由此引发的迁改、保护、索赔以及工期延误造成的间接费用增多，就会使实际成本快速偏离原定预算。供应链的脆弱性也是一种重要的风险源，如果一项重要进口设备的交付时间有所延迟，就会造成该设备的成本出现直接变动，还可能导致后续的一系列工序产生“多米诺骨牌”的连锁反应，进而引起窝工、抢工等情形的产生，让成本曲线呈现出一种非计划范围内的陡升现象。要想做到对造价的有效控制，就必须掌握那些推动事物发展的根源性因素，而这种认识的起点在于管理者应当具有系统性思维，能够从各种因素相互影响与作用的关系之中找到联系。

与动态性相辅相成的是建筑工程造价具有的层次性结构，它为驾驭复杂的成本变动提供了一个系统的管理架构，从大到小，工程造价可以逐层分解，形成一套树状结构，在最顶层是项目的总投资，包括从拿地到工程建设再到最后的运营准备所需的所有费用。下一层就是工程费用、工程建设其他费用、预备费等几个大板块。工程费用也就是人们所说的建安工程费，可以按照单位工程进行划分，一栋综合体建筑可以分为桩基工程、主体结构工程、装饰装修工程、机电安装工程等。每个单位工程又可以分解为分部工程和分项工程，直到最基本的计价单元——工程量清单项目。这样一种以 WBS 为基础的成本分解方式，既让庞大的复杂项目总造价变得一目了然，又使成本与具体工作内容之间建立了直接联系，进而能够为责任分配、进度款支付以及绩效考核等提供明确依据，成为现代项目管理中成本与进度、范围集成控制的基石。

造价层次性结构为动态管理提供了精确的“靶点”和“仪表盘”。在项目执行期间，成本控制不是对总投资的大范围把控，而是细致到各个分解层级的精准管理，通过把实际发生成本的数据及时汇集到 WBS 对应的节点上，管理者就能清楚地看出成本偏差出现在哪个单位工程、哪个分项工程，这样就能马上找到问题的源头，而不是在繁杂的费用列表中迷失方向。以主体结构工程的钢筋费用超出预算为例，管理者可以继续追查是钢筋单价超标，还是损耗率过高，或者工程量核算有误。这样的分层级偏差分析，加上挣值管理（EVM）等先进办法，就能客观地评价项目表现，预估未来成本走向，而且层次的存在还影响了风险对策的差异。针对牵涉总投资的宏观风险，要动用高层级的预备费，而具体的施工部分如果出现超支，就应当在相应的责任单元里面自行调节和消化，于是就形成了一种多层级、立体化的造价风险防范体系。

（二）直接费与间接费的深入剖析

建筑工程成本构成里，直接费的概念正处在一次重大的变化当中，以前“人工、材料、施工机具使用费”的定义，已经很难再全面贴合现代工程实际的复杂情况和集成化走向。随着建筑工业化、智能建造，工程项目的价值链正在被重新塑造起来。比如预制混凝土（PC）构件，在工厂内部就完成了钢筋绑扎，混凝土浇筑甚至部分预埋管线的集成制造，它的采购价格不再是单纯算作材料费，而是把制造过程里包含的人工、机械、模具摊销以及管理利润都囊括在内的综合体。在此情况下，如果还是固守传统的划分，把 PC 构件费当成简单的材料费，那么会造成对项目成本中隐含的劳务和技术价值的极大低估。更合适一点的视角，就是把它看成一种带有物化劳动以及活劳动的“产品成本”，其边界已经不那么清晰了。这一看法的改变，要求成本管理人员必须去熟悉并了解新的工艺与供应链，要对成本的内容做更加细致的拆分与分析工作，这样才能使所得到的成本数据真正反映情况并且具有可对比性。

对直接费主要要素的分析要跳出数字表面，看到其背后的经济和管理内涵。以人工费为例，这不只是给了建筑工人多少钱，现在劳动力市场很紧张，好工人难找，和高素质产业工人有关的隐性成本就显现出来，比如为留住人而多给的福利、为了提高技能而不断培训的费用、人员流动大的时候招聘和磨合的成本，还有因为安全意识或者操作熟练程度不够造成的事故处理和返工的成本。一个看上去很简单的砌筑分项，人工费的实际效益会因为施工队伍的组织管理水平、技术交底的清晰度、后勤保障的完善度而出现巨大的差别。同样地，施工机具使用费也不只是简单的租赁台班单价与使用时间相乘，它还包含机具的进出场、安拆、操作手培训、因设备故障造成的停工等一系列的连带费用。只有对这些构成要素进行穿透式的分析，才能制定出符合实际的成本控制策略。

间接费是工程成本的重要组成部分，传统意义上的“施工单位为组织和管理施工生产活动所发生的费用”，也在面临新的诠释。一般而言，间接费用通常划分为企业管理费和规费两类，前者包含企业的行政、财务、技术研发等部分的运作开支，后者则是国家或者地方政府规定务必缴纳的法定费用。不过，在项目法人制和总承包模式日趋普及的当下，项目现场层面产生的组织管理费用，也就是项目管理费，其规模和复杂性正在逐渐增大。这部分费用包含项目经理部人员的薪酬、办公设施搭建与运作、现场临时水电通信、安全文明施工措施以及各种检验试验费。在大型复杂的项目当中，一个高效的项目管理团队本身就是一笔庞大的投资，这个团队的管理效果直接决定了整个项目的最终成败与效益，这部分费用的性质已经超出了传统间接费的辅助地位，更像是推动项目价值实现的关键性成本。

关于间接费的归集和分摊方式，长久以来是工程造价领域的一个争议点。按照直接费为基数按固定费率计提的传统做法，尽管操作简单，但其科学性和公平性一直饱受诟病，这种“一刀切”的方式，忽略了不同工程项目在管理难度、技术复杂程度、资源协调强度等方面的巨大差别，致使管理精细、技术复杂的项目可能承担了与其消耗资源不相称的间接费用，而一些简单的项目却相反，造成了成本信息的扭曲，要更为准确地体现成本的因果联系，作业成本法（activity based costing，ABC）的概念就被引入建筑业。该方法认为，将间接费追溯到引发其发生的具体“作业”上，然后按各个工程项目消耗这些“作业”的多少进行分摊。比如把项目部的合约管理、技术支持、质量检查等活动当作成本动因，按照各个分包单位或者各个分部工程消耗这些管理资源的强度来分配相应的间接费用，进而达成比较公道又细致的成本核算，给项目决策提供更高品质的信息支撑。

二、建筑工程计价依据与方法

（一）定额计价法

定额计价法属于历史悠久的工程计价模式，它的思想内核源于计划经济时代对社会生产力展开标准化度量的宏大设想，试图为复杂多变的建筑活动构建一套“标准菜谱”，把每项分项工程所耗用的资源，即所需人工工时、主要材料用量和机械设备台班数量，都以社会平均先进水平作为标准予以量化，固化成一连串的“定额子目”。这种办法得以成立的根基在于其严密的逻辑体系和数据基础，依靠大规模的统计、测算和剖析，把各个地区、各种工艺水平下的生产效率差异加以抽象并平均，目的是给工程投资的规划、审批和拨付赋予一个统一而稳定的参照系。这套体系在特定的历史时期内，对于规范市场秩序、控制基本建设投资规模有着不可替代的作用，其中蕴含的标准化、精细化管理的思想，至今对工程成本构成分析仍具有深刻的启示作用。

从实际操作的角度来看，运用定额计价法编制工程预算或标底，是一环套一环的计算过程。由工程技术人员依据施工图，按定额所列的工程量计算规则，准确计算出各个分项工程的工程量，然后把每个分项工程的工程量一一“套入”相应的定额子目，即乘以该子目的人工、材料、机械台班消耗量指标，求得直接工程费中的三个主要要素。再以此为基础，以直接工程费或人工费为取费基数，按照国家或地方政府规定的费率标准，计取间接费、利润及税金，最后汇总出一个单位工程造价，甚至整个项目造价。这个过程高度依赖定额这本“法典”的权威性与完整性，但当新材料、新工艺、新技术日新月异的时候，定额的滞后性就暴露出来，这时候就需要用“定额换算”或者编制“补充定额”来弥补，这个过程既复杂又带点主观色彩，很容易成为造价纠纷的引子。

市场经济体制不断深化之后，定额计价方法所存在的一些局限慢慢浮现出来，促使人们开始对它的适用性产生思考，其中最为核心的矛盾就是由政府来牵头制定一个统一地区定额，从而反映出一个社会平均成本水平，但市面上成千上万不同施工企业的个别成本会因为各自不同的管理能力、技术装备、采购路线而千变万化，并且这些成本与统一地区定额之间存在天然不可抹去的鸿沟。在市场上的激烈竞争当中，企业的核心竞争力恰恰体现在自己的成本方面，而定额计价法却将这样的差别性给抹杀了，这就使得投标报价看起来更像是围绕着“下浮率”展开一场数字的游戏，并非各家企业综合实力真正较量的过程。这种模式也在某种程度上抑制了企业进行技术创新和管理创新以降低成本的动力，因为节约的成本并不能完全体现在价格上，反而会因为价格低于“社会平均”而遭到怀疑，违背了市场经济鼓励创新、优胜劣汰的基本原则。

虽然定额计价法在招标投标领域的统治地位已被工程量清单计价法逐渐取代，但说它已经彻底退出历史舞台还为时过早，其内在的价值在新时代中以不同的方式延续和重塑着。对于建设单位来说，根据定额编制的投资估算和设计概算，仍然是项目前期方案比选和投资决策的重要依据。对于施工企业来说，定额中的大量基础数据，也是企业建立成本数据库、编制企业内部定额、进行成本过程控制和核算的重要资料和参考。工程结算与审计环节，合同对于一些变更或者新增项目计价原则约定模糊的时候，地区定额就很可能变成解决争端、决定结算价格的最后标准，可以说，定额计价法的“形”走得越来越远，但是它凝结了数十年行业经验的“神”——也就是对建筑产品资源消耗进行标准化、数据化描述的那种思想精华，已经深深地融入现代工程造价管理的血液中，未来随着数字化、信息化的大潮，这种古老的智慧还会激发出新的活力。

（二）清单计价法

工程量清单计价法出现并推行以后，标志着我国建筑工程造价领域经历了一次深刻的范式革新，它体现的是从“政府指导定价”到“市场竞争定价”这种根本性改变，其理论根基就是“量价分离”原则，也就是把工程造价的确定流程拆解成两个相对独立的部分。首先由招标人也就是建设单位按照国家统一的工程量计算准则和清单项目设置规范来提供一份详尽的、作为全体投标者共同报价参照的“工程量清单”，其次由投标人也就是施工企业根据自身具体的施工方案、技术水平、管理能力和市场行情状况，自主填写形成工程实体和措施项目的“综合单价”。这种做法就相当于给一场复杂的采购活动提供了一份标准的“购物清单”，所有供应商都在同一份清单上报价，这样竞争的重点就从对工程量的烦琐计算和理解差异，转到价格、技术和管理能力的单纯较量上，这为创造一个公开、公平、公正的市场竞争环境打下了牢固的基础。清单计价模式的运作机制，体现了市场经济中契约精神和风险分担的精髓。招标人提供了有约束力的工程量清单，实际上承担了工程量计算准确性的风险，如果因为清单漏项或者工程量计算错误导致实际工程量发生较大变化，那么因此而发生的成本增减一般由招标人承担。这就促使招标人以及为其服务的咨询机构，在招标之前就要对设计图纸进行深入、细致的研究，以保证清单编制的质量。而投标人在填报综合单价时，将完成清单项目所需的人工费、材料费、机械费、管理费、利润以及一定范围内的风险费用全部包括在内，承担了市场价格波动、施工方案好坏、管理效率高低等风险，这样清晰的风险划分界面，减少了合同履行过程中的很多不确定性，让合同双方能更多地将精力投入到项目的实体建设、价值创造上，而不是无休止地计量、计价争议。

清单计价法是与国际工程承包惯例接轨的主流模式，其优越性不言而喻，但是它的有效性，很大程度上取决于清单本身编制的好坏。一个高质量的工程量清单，其中的项目特征描述应该非常清晰、准确、无歧义，任何一位有经验的投标人看了之后，都能对即将完成的工作内容、质量标准、施工条件有唯一的正确理解，否则就会导致投标人的报价依据完全不同的产品档次，投标失去了可比性，为以后的合同纠纷埋下巨大的隐患。除了要确保工程量计算的准确无误之外，工程量计算的偏差过大，也会扭曲投标总价，还可能成为一些投标人使用“不平衡报价”进行投机的温床，扰乱市场的公平竞争环境。提高清单编制的专业化水平，才是发挥清单计价制度优势的根本保障。

目前，工程量清单计价法正逐步与 BIM 技术深度融合，从而塑造起更加高效、精准、智能的新业态。传统意义上的清单编排与工程量核算是造价工程师按照二维图纸来实施人工读解与量取，过程麻烦、效率低且容易出现错误，依靠BIM的5D技术可以把造价经营做到全新层次，在三维模型里面给每一项建筑构成添加对应清单编码及成本资料，造价工程师就能轻易做到工程量的自动、快捷地获取并精准度与模型深度紧密挂钩。更重要的是，一旦产生联系，这种联系是动态的，任何一个设计上的改变在模型中发生，与这个设计相关的工程量和造价就会立刻联动变化，为设计阶段的限额设计、方案优化提供了前所未有的技术支持。在施工阶段，BIM也可以与施工进度计划结合，动态模拟工程款支付计划，进行挣值分析，对项目成本进行精细化、可视化的过程控制，这也是清单计价法未来发展的必然趋势。

第二节　建筑工程量清单计价

一、工程量清单计价概述

（一）清单计价的原理与优势

工程量清单计价的运行逻辑来源于市场经济自由竞争和契约精神，其基本原理就是将建设工程的发承包活动，分解为招标人定“量”+投标人竞争报“价”的两个基本活动。在这种模式下，招标人聘请专业咨询机构，以统一的标准编制一份详尽无遗的工程量清单——它好比一份准确的工程“物料单”，把建造整个建筑物所需要的每个细小的“零部件”及数量都明确列出来，并把它纳入招标文件的主体部分，交给所有的投标人。这样一来，所有的竞争者就都站在了同一条起跑线上，大家都不需要花费大量的人力和物力去各自算工程量，只需要把全部精力集中在怎样用最优的施工方案、最强的管理能力、最有利的资源渠道，为这张标准化的“物料单”报出最有竞争力的价格。这样的根本性变革，使招投标变得透明高效。

该计价模式带来的好处是全方位的，对整个建筑市场的发展起到了极大的促进作用。对招标人来说，提供了一份共同的报价标准，使得各投标人的报价都有一个直接比较的基础，使评标工作变得简单、客观，真正做到了“取优去劣”，可以选择性价比最高的承包商。同时因为工程量计算的风险由招标人承担，促使招标人在招标之前就必须要完成更高质量、更少错误的设计，从而减少实施过程中的不确定性。对于投标人来说，从繁杂又重复的工程量计算中解脱出来，投标成本大大降低，中小企业也能有机会参与市场竞争。更重要的是，让企业把竞争的焦点重新聚焦到自身的“个别成本”上，即通过技术创新、管理优化来降低企业的“个别成本”，而不是在工程量计算上“找漏洞”来谋取不正当利益，这对行业来说无疑是件好事。

清单计价模式的另一个显著优点就是，为工程实施过程中出现的变更以及进度款支付提供了一个明确、公平的合同基础。漫长建设周期里，工程变更是必然的，传统定额计价或者总价包干模式下，一旦发生变更，其计价就会成为双方争议的焦点，过程繁杂且容易引发矛盾。在清单计价模式下，由于合同里已清楚列明了每个清单子目的综合单价，对于新增的工程量，只要按照合同单价来算就行，即便对于新增的清单项目，也可以参照合同里类似的单价，经过协商达成一个合适的补充单价。这样变更的计价就有了依据，变得简单起来。同样，审核承包商递交的进度款申请的时候，监理工程师只需要知道承包商完成的工作量，然后乘以相应的合同单价，就能很快又准确地算出应该支付的金额，从而保证资金支付及时又公平。

清单计价原理想要得到充分发挥，就必须具备一系列完善配套制度和良好的市场诚信度。首先要有全国统一、科学合理的工程量清单计价规范，作为清单编制和计价的共同“语言”，这是保证公平竞争的基础。其次要有一支高素质的造价工程师队伍，不管是编制清单的招标人代表，还是投标人的报价者，都要对计价规范有深刻的领会和准确的把握。最后也是最重要的就是参与市场的各方必须要有契约精神，招标人要保证提供的清单质量，投标人要诚信报价，不能用恶意的“不平衡报价”来扰乱市场。只有这样，清单计价才能发挥出巨大的优势，成为建筑市场走向成熟和规范的“压舱石”。

（二）清单计价规范的演进及其核心内涵

我国工程量清单计价规范体系的发展历程并不是一蹴而就的，而是随着国家经济体制改革的深入以及建筑市场的不断发展，经历了不断探索、逐步完善的过程。究其根源，从计划经济时代的定额计价一统天下，到改革开放后各种计价方式并行尝试，再到 21 世纪为了适应加入世界贸易组织后与国际惯例接轨的需要，国家开始大力推行工程量清单计价，标志性事件就是2003年《建设工程工程量清单计价规范》（GB 50500—2003）首次颁布，以国家强制性标准的位阶，确立了清单计价在国有投资项目中的主导地位。此后，规范又经历了 2008 年和 2013 年两次较大的修订，每次修订，都是对前期经验教训的总结，也是对市场新变化的回应，内容在项目划分的科学性、特征描述的严谨性、计量规则的合理性、计价口径的一致性等方面，都越来越成熟完善，逐渐形成了一套既具有中国特色又与国际接轨的现代化工程计价标准体系。

纵观几次清单计价规范的变化，其核心意思就是国家用强制手段，在全国范围内建立一套统一的招投标计价“游戏”规则，从而最大限度地消除不同地方由于标准不同导致的信息不对等和不平等竞争。这种统一主要体现为四个方面：一是统一的项目编码，为每个清单项目赋予了全国唯一的“身份证号”，方便计算机数据的处理及累计；二是统一的项目名称和项目特征描述的要求，使各个市场中的相关方对于同一个工作内容的理解一致；三是统一的工程量计算规则，界定了各类构件、项目计算范围和方法，消除各种计算争议；四是统一的计价表格，保证所有投标人的报价文件在形式、内容方面完全相同，方便比较评审。这四大“统一”，共同构筑了清单计价规范的“四梁八柱”，为所有市场主体提供了一个清晰、稳定、可预期的行为框架。

清单计价规范的第二个重要指导思想就是清晰划分了发承包双方在计价活动中承担的权利、责任和风险。规范规定了工程量清单应由招标人编制、提供并承担相应的责任和义务，即工程量清单必须由招标人提供。招标人对工程量清单的正确性、完整性负有责任，招标人提供工程量清单出现重大错项漏项以及工程量偏差超过一定范围，导致工程量增减变化所带来的工程款增加或减少的风险由招标人承担。这种规定在一定程度上可以避免招标人为规避责任随意更改招标文件、提供不完善的施工图纸，也给了投标人在市场价格行情与企业自身情况基础上自行报价的权利，对自身所投报的综合单价负责，承担价格报错与成本控制不当等带来的商业风险。这种把风险明确分配到责任人的责权利相统一的风险分担制度，是市场经济基本原则之一，促使合同各方从各自的立场出发去履行自己应尽的职责，在履行合同的过程中相互监督，从而减少履约过程产生的矛盾。

建筑产业现代化的推进，清单计价规范的内涵与外延也持续扩展，以应对新技术、新模式带来的挑战。如装配式建筑、绿色建筑、海绵城市这些新兴建设领域，它们的计价方式与传统建筑有着明显区别，这就要求计价规范要跟上时代步伐，及时增添和完善相关的清单项目和计算规则。BIM 技术的广泛应用，给传统的二维识图算量模式带来了根本性的冲击，未来的计价规范必定会与 BIM 技术紧密融合，研究并制定基于 BIM 的工程量自动计算标准，必然是规范发展的必然趋向。可以说，一份清单计价规范的演变史，就是中国建筑市场一步步走向规范化、市场化、信息化的生动写照，它将在引领行业健康发展这条路上继续发挥关键作用。

二、工程量清单的编制

（一）项目特征描述的深度与精确性

工程量清单的核心和灵魂，并不是那些看上去很客观的工程量数字，而是隐藏在这些数字后面，对于每一个清单项目所描述的“项目特征”，只有项目特征描述得越具体、准确、没有歧义，工程量清单才越好，整个招投标活动才越能成功。项目特征描述就像一个产品的“技术规格书”，它的使命就是让每一个看到这个清单的潜在投标人都能够对招标人要采购的“工程产品”有一个完全相同的、清楚的认识，使他们能够基于同一标的物进行报价，这样才能在公平的起跑线上展开竞争。

项目特征描述的深度要涵盖全部影响或者决定该项目综合单价形成的技术和经济要素。以一个最普通的“现浇混凝土矩形柱”清单项目为例，一份合格的特征描述，绝不能只是停留在“混凝土浇筑”这个层面，它必须要准确地交代柱子的截面尺寸范围、所用混凝土的强度等级，抗渗等级、外加剂种类等材料性能方面的要求。必须要讲清楚柱子归属于哪个结构类型，如框架柱，核心筒柱等，因为这关乎施工的难易程度和模板体系的选择，还要确定柱子和其他构件的连接方式，以及对表面光洁度、养护方式等质量方面的一些特殊需求。这些看起来很麻烦的细节，每个都对应着人工、材料、机械的消耗量，还有施工方案的选择，漏掉任何一个都会导致投标人报价的时候多出几个百分点甚至更多，从而给以后的合同执行埋下纠纷的种子。和深度相伴而生的，是对项目特征描述精度的要求，这种精度既体现在用词的专业与规范上，也体现在对界限的清晰界定上。比如描述墙面涂料工程的时候，除了要清楚涂料的品牌、型号、颜色、涂刷的遍数之外，还要把工作范围界定清楚，是仅仅针对墙面，还是包含踢脚线、门窗侧壁之类的部位；描述土方开挖的时候，也要精准界定土壤的类别、开挖的深度、有没有地下水、弃土的运距等。这种对细节的较真看似烦琐，其实是对合同双方最大的负责，一个高精度的项目特征描述能最大限度地压缩合同双方在履约过程中的“理解偏差”，承包商可以清楚地预见到自己需要承担的所有工作内容及责任，进而做出更加理性的报价，监理工程师在进行工程计量、质量验收的时候，也有了清晰的、统一的“标尺”。

但是由于在当前的工程中，项目特征描述的编制质量却往往不尽人意，成为工程纠纷的多发区。一方面由于编制人员自身能力不强，责任心不强，习惯性复制粘贴以往项目的描述，没有根据本项目的具体设计图纸进行个性化、精细化的提炼和表达；另一方面因为目前设计深度普遍不足的现状，设计人员在招标时很多施工详图都没有出，清单编制人员没有足够信息去描述，只能大概地描述。要想提高项目特征描述的品质，就要从源头抓起，一方面要强化对造价咨询行业的监督，加大对从业人员的培训力度，形成清单质量的终身负责制度；另一方面要大力推行设计施工总承包 EPC（设计 - 采购 - 施工）模式，促使设计和施工紧密结合。利用 BIM 技术，从信息模型中直接提取构件的详细属性作为项目特征描述的基础，从而从根本上保障项目特征描述的深度和精度。

（二）工程量计算规则的统一性与适用性

在工程量清单计价体系这座宏大的建筑里，如果说项目特征描述是定义“做什么”的灵魂，那么统一的工程量计算规则就是规定“算多少”的基石。国家颁布的《建设工程工程量计算规范》（GB/T 50500—2024），其最大的价值就在于给全国范围内的所有工程项目，提供了一套统一的、强制性的“度量衡”体系。它针对土石方、砌筑、混凝土、装饰装修等各个专业分部，对每一个清单项目的工程量该如何计算，计算的边界在哪里，哪些部分需要扣减、哪些部分需要增加，计量的基本单位是什么等问题，都进行了详细的规定。这种统一性的重要意义不言而喻，招标人所计算出的工程量，日后由监理工程师审核再由承包人完成，最后由审计单位复核的工程量，都是按照同一个“尺子”来丈量的，这就从根本上消除了因为计算口径不同而引发的无休止的争执，这是维持清单计价模式公平、高效运行的程序保障。

统一的工程量计算规则背后隐藏着深刻的经济与管理逻辑，是合理划定计价单元与施工成本的分界线。以砌体工程为例，它的计算规则一般情况下规定，墙体工程量按照设计图示尺寸以体积来算，不过墙里的构造柱、圈梁、过梁等占据的体积不予扣除，但是门窗洞口、过人洞口这些地方占据的体积则要扣除掉，这种“不扣”和“扣”的规定，并不是随便的技术操作，而是有着深刻的施工内涵。构造柱、圈梁等虽然也是混凝土做的，但是它们与砌体在施工上是紧密穿插、无法分开的，如果把它们占据的体积也算进砌体工程量里，一方面方便计算，另一方面也符合施工成本产生的实际情况。而门窗洞口则是纯粹的“空洞”，不会有任何实体消耗，理应扣除。通过这些细致入微的规定，计算规则在保证计算准确的同时又不失操作性，使得计算出来的工程量最接近承包商为完成此项工作所必须发生的全部费用。

虽然国家计算规范试图做到全面而普遍，但是建筑工程自身复杂且有创新之处，这就使得任何一套标准化的规则都不可能百分之百地涵盖所有可能出现的新情况。在强调统一性的同时，也必须正视其在面对特定工程时的“适用性”问题。当项目中出现了某些国家规范中没有的新技术、新工艺或新材料时，如采用了某种特殊的装配式幕墙系统，或者使用了一种超高性能的复合材料，招标人就需要在编制工程量清单时，对这部分内容的工程量计算规则做出专门的、补充性的说明。这种补充说明必须清晰、合理，不能与国家规范的基本原则相抵触，并作为招标文件的组成内容，对所有的投标人具有同样的约束力，是对工程创新的一种尊重和适应，同时是一种公平的维护，也是对规范“刚性”与实践“柔性”关系的一种处理方法。

在 BIM 技术逐渐普及的大环境下，传统的依靠二维图纸和人工查阅计算规则进行工程量计算的方式，正在经历一场革命。BIM 本身就是包含精确几何尺寸的数字化建筑实体，这就为工程量的自动计算提供了一个天然的平台。但是如何把 BIM 转换成符合国家计算规则的工程量，却并不是简单地提取体积或面积，而是要把国家规范中复杂的“计算逻辑”如扣减规则、并项规则等，用计算机算法语言进行“翻译”，并植入 BIM 算量软件中。这项工作充满着挑战，它需要软件开发者不仅有过硬的计算机技术，还要对工程造价、施工工艺有深刻的了解。以后的工程量计算，不是造价工程师伏案翻阅规范、拿着计算器重复计算的工作，而是借助 BIM 平台，对自动生成的工程量进行逻辑审查和合理性审查，这将会对从业人员的知识结构提出新的、更高的要求。

第三节　建筑工程项目造价管理

一、决策阶段的造价管理

（一）投资估算的编制与审查

建筑工程项目宏大叙事的开篇处，投资估算充当着关键的“奠基者”，这是在项目设想的最初阶段，能够用于决策的信息非常少，设计方案也只是大致的构想，对项目未来建成所需要的全部投资做出的概略性预测。此时造价管理的主要目的不是要达到绝对精确，而是为项目的可行与否、资金筹集计划以及不同宏观方案的对比选择提供一种具备足够可信度的数量级经济指标。投资估算的编制方法有多种，从最简单的“单位生产能力估算法”（如根据规划的床位数估算医院总投资）到相对复杂的“单位面积造价指标法”（如根据当地同类型建筑的每平方米造价估算办公楼成本），再到更详细的“概算指标法”，其精确度随所用信息深度增加而提高。无论哪种方法，其编制过程都高度依赖历史数据积累与估算人员的经验判断。

投资估算所包含的内容要完全表现一个项目从无到有再到能使用的所有费用，一般会分成工程费用、工程建设其他费用和预备费三大部分。工程费用也就是大家常说的“建安费”，它是项目形成实体的主要投资；工程建设其他费用包含从取得土地、前期咨询、勘察设计，再到管理费、监理费、保险费等一系列保证项目顺利推进所必需的非实体性支出；预备费又分为基本预备费和涨价预备费，基本预备费是为应对项目执行期间出现的设计改变、工程洽商以及其他难以预估的情况而预先留下的资金“缓冲垫”，涨价预备费则是针对项目长久建设过程中由于通货膨胀、政策变动等致使的材料、人工价格上升的风险提前作出准备。一个完整的投资估算要把这三部分费用都考虑进去的，如果有一部分费用被漏掉，将来就有可能陷入资金不足的窘境。

对已编制好的投资估算进行严格的、科学的审查，是决策阶段造价管理的一项重要工作，而且其重要性甚至超过了投资估算的编制工作。审查投资估算时，首先要审查估算的编制依据是否可靠、适用，要估算所采用的造价指标是否来源于与本项目在建设标准、建设规模、建设地域等诸方面可以相互比较的类似工程，所考虑的各项费用取费标准是否符合国家和地方的最新规定，审查估算是否完整，是否包含了项目建设所需要的全部内容，有无重大漏项。如一个工业项目，除了主体厂房外，是否还充分考虑了仓储、动力、环保等设施的投资。其次也是最重要的一点，即对估算中所含的各种不确定因素和风险进行分析，特别是对预备费的计取是否充分、合理进行分析论证，从而使估算的结果成为稳妥的项目决策依据。

投资估算是项目决策阶段的一个环节，它不是单纯的一个静态的成本数字，而是一个动态的决策支持工具，存在于方案比选的全过程。当一个项目存在多个不同的选址方案、不同的建设规模方案、不同的技术路径方案时，就要求为每个方案都要编制相应的投资估算。只有通过比较不同方案的投资额，并结合对各个方案未来运营成本、收入效益的综合评估，决策者才能科学地判断出哪一个方案是技术上可行、经济上合理的最佳选择。一个在决策阶段就得到了充分论证和控制的投资估算，会为项目后期各阶段的造价管理奠定坚实的基础。

（二）可行性研究中的经济评价

可行性研究是项目投资决策前最重要的一项综合性论证活动，而经济评价就是这个论证活动的核心和灵魂，它要从财务和国民经济两个角度，全方位地回答"这个项目值不值得投资"这样一个根本性的问题。这项工作把造价管理的眼光，从仅仅计算"建设成本"，扩大到整个项目的全生命周期，包括建设期间和运营期间的全部费用和效益。财务评价是经济评价的基础，它站在项目投资者的角度上，用市场价格作标准，分析和计算出项目的各种财务效益指标，比如财务内部收益率（FIRR）、财务净现值（FNPV）、投资回收期等，重点是要看项目在财务上是否有赚钱的能力，是否能偿还债务，是否能保证投资者的钱能得到满意的回报。对于财务不可行的项目，除非具有特殊社会或战略意义，否则难以吸引投资者青睐。

国民经济评价把视野从项目提升到整个国家或者地区的社会经济发展层面，它考察的是项目对整个社会资源配置效率的贡献。不同于财务评价，国民经济评价用"影子价格"取代市场价格，从而纠正因市场失灵导致的价值偏差，如垄断、税收扭曲所带来的价值偏差，而且要对项目所产生的外部性（externality）展开量化的考察，这就是那些不能在项目财务报表上显现的社会效益和社会成本。比如，一个地铁项目建起来之后，其所带来的社会效益不仅仅局限于地铁票款收入，还包含给所有市民省下的出行时间、减少的交通事故、改善的空气质量等，而社会成本可能也包含了建设期间给周边商户带来的营业损失，通过识别、量化和货币化这些社会效益和成本，算出这个项目的经济内部收益率（EIRR）、经济净现值（ENPV）等指标，进而判断这个项目对整个社会福利究竟作出了怎样的贡献。

在进行经济评价的时候，对项目整个生命过程成本（life cycle cost，LCC）进行精准预估，这是保证评价结果准确性的根基。以往的投资决定，总是过于看重眼前建造的钱，却忽略了项目建成后几十年的运营、维修、改造甚至最后拆掉的费用，这种"重视建造，轻视经营"的短视做法，经常会使一些看起来当时花钱少的项目，以后变成一个一直要"输血"的"无底洞"。全生命周期成本分析就是把项目从规划设计到报废拆除整个过程的费用，按照某种折现率，全部换算成同一时间点上的数值进行比较，它包含最初的建造投资、每年的能源耗费、维护保养费用、人员管理费用，还有每隔一段时间的大规模修理和更新改造费用。只有经过对 LCC 进行全面的考量之后，才能在各种不同的设计方案或者设备选择当中，做出真正经济合理的选择。

经济评价的结果不是简单的“可行”“不可行”二元判断，而是为决策者提供了一个多角度的项目风险和收益的全景图。通过对项目实施“不确定性分析”，可以判断项目是否具有一定的“稳健性”。其中，“盈亏平衡分析”能够得出项目达到保本经营时，达到最低的产量或服务量水平；“敏感性分析”可以找出影响项目经济效益最大的因素（如产品售价、建设投资、运营成本等），并测算出这些因素发生不利变化时，项目效益指标受到的影响程度。这样一种分析，可以让决策者明确知道这个项目未来的主要风险点在哪里，在做决策的时候就能提前制定出风险应对方案，极大地提高了投资决策的科学性和前瞻性。

二、设计阶段的造价管理

（一）设计概算的编制与控制

项目经过可行性研究的论证，进入初步设计阶段之后，造价管理就遇到了它的第一个关键控制点——设计概算。设计概算是基于初步设计或者技术设计图纸，按照概算定额或者概算指标，对工程项目建设总投资展开更为细致且精确的计算。和投资估算相比，设计概算在内容上的深入程度以及精确度都有了质的飞跃，它不仅要算出各个单位工程的具体费用，还要把这些费用再细分到每一个分部分项工程当中。设计概算所给出的投资额，已不再是宽泛的区间范围，而是一个相对确定的、具有法律和行政约束力的“控制总额”。在我国政府投资项目管理中，被批准的设计概算是该项目投资的最高限额，在以后的施工图设计和工程建设过程中原则上不允许突破，其重要性不言而喻。

设计概算的编制是一项系统性强、技术要求高的工作。编制人员不仅应根据初步设计图纸，结合地质勘察资料及主要设备、材料选择，按“扩大单价法”“单位工程指标法”等，逐项计算出建筑、结构、给排水、暖通、电气等各专业工程费用，还要对工程建设其他费用进行详细的测算，并结合项目特点和可能存在的风险，合理确定预备费的额度。编制是否准确，取决于初步设计的深度和编制人员的专业水平。一份高质量的设计概算，应该能够全面、真实地反映设计意图，准确地预测项目未来所需的资金，从而为今后的资金筹集、招标控制价的确定和施工图设计成本控制，提供一个可靠的基准。

一旦设计概算获得批准，它就由一个预测性的技术文件变成了一个具有强制性的控制指标，对设计概算的控制是设计阶段造价管理的关键，设计概算控制的成败决定着项目是否能够最终不超支，控制的重点在于建立一套设计与造价相互关联、动态反馈的设计造价联动机制。在初步设计审查阶段就应该把造价工程师纳入审查组，对设计的经济性进行严格的把关，对那些虽然技术上可行但是经济上不合理的“过度设计”要及时提出改进意见。在施工图设计阶段，更要把已经批准的总概算按照不同的专业、不同的楼层等，层层分解成具体的投资限额，下达给各个专业的设计人员，作为他们开展设计的“成本红线”，设计人员要在这个限额之内进行创作，做到技术与经济的结合。

实践中，突破批准的设计概算也就是“超概”现象，是工程项目管理中的一个顽疾。造成超概的原因是多方面的，既包括勘察设计深度不够、在项目后期发生重大设计变更等客观原因，也包括建设单位随意提高建设标准、盲目追求“高大上”等主观原因。要从根本上控制好“超过设计概算”，必须多措并举、标本兼治。从制度上来说，必须建立严格的概算审批和调整制度，所有超过设计概算的行为都必须经过严格的论证和审批。从技术上讲，要大力推广 BIM 技术和限额设计，使设计人员在设计时可以及时掌握成本信息，主动进行成本控制；从责任上讲，建立设计质量终身责任制，将概算控制的效果与设计单位、人员的奖惩直接挂钩。只有用这样一套组合拳，才能从源头上杜绝项目投资失控。

（二）限额设计的原理与实施

限额设计也叫目标成本设计，是设计阶段开展主动性造价控制最核心、最有效的方法论。它完全颠覆了传统“先设计，后算价”的线性工作流程，转向了“以造价引领设计”的并行迭代工作方式。其基本原理就是把项目批准的投资估算或设计概算当作设计的最高成本“天花板”，在设计工作全面展开之前，就按照一定规则，把整个投资限额科学合理地分解、分配到各个子系统或专业设计中，形成各自的成本“配额”。这样一来，成本就不是设计完成之后的一个被动结果，而成为一个前置的、带有约束力的设计输入条件。每一个参与到设计中的工程师，都必须在自己负责领域里的成本“笼子”中去进行技术创作和技术创新，而不再是过去那种单纯地负责技术实现的角色，变成要同时兼顾技术与经济目标的责任人。

限额设计开展的时候，第一步便是要有科学、合理的投资分解过程，投资分解往往伴随着 WBS（工作分解结构）。一个房屋建筑工程的总投资限额可以先按桩基、主体结构、装饰装修、机电安装这几大单位工程进行分配，然后将各个单位工程的限额分配给各个专业，比如将主体结构的限额细分到模板、钢筋、混凝土等分项工程的限额。这种分解的根据，不能是简单的平均分解，而应当是大量的历史项目数据统计分析的结果，并且要符合本项目定位与功能的要求。对于一个主打立面的高端商业项目，它的外墙装饰投资比例就要相对高一点；而对于一个一般的仓库物流用房来说，则可以将更多的成本额度安排到结构、地坪上，一份合理的投资分解表就是限额设计成功的先决条件。

在设计过程中对限额进行动态的监控与调整，是保证限额设计能够有效落地的重要一环。设计是一个不断深入细化、持续改进的过程，不同专业之间存在相互协作又彼此碰撞的情况是常有的事。如果某一个专业由于技术上的原因或者功能需求出现改变，真的不得不超出它原先的投资限额时，不能轻易将其否定掉，而是应该开启一种协同调整机制，在这种情况下，项目造价负责人要召集涉及该问题的相关专业设计师，共同讨论超支的缘由，并探讨能否通过调整其他专业的设计，从而“挤出”相应的成本空间。建筑专业为提高空间品质，需使用一种更贵的吊顶材料，导致装饰专业的投资超限，此时能否要求结构专业在确保安全的前提下，优化梁板截面，节省一些钢筋混凝土的投资，使项目总投资保持内部平衡？这种“有增有减、总量控制”的动态协调过程，正是限额设计最吸引人也是最困难的地方。

要想实现限额设计，就离不开先进的技术工具和组织管理模式的改变。二维的设计模式下，各专业设计成果是独立的，造价信息滞后，要对成本进行动态的监控和协调是很难的。而BIM技术的应用，则为限额设计的落地提供了完美的解决方案，通过创建一个带有成本信息的BIM模型，把分解后的投资限额当作属性，加给模型里的相关构件或空间。设计师在设计的时候，系统可以即时算出其方案的造价，然后拿这个数字与预先设定好的限额进行比较，如果超出了限额，就会自动发出警报，这样就把原先那种滞后性的“审核”方式，变成了即时性的“嵌入式”导航模式。限额设计的推进，还促使项目要冲破专业界限，创建起以项目经理为中心，建筑、结构、机电、造价等各个专业密切配合的设计团队，一起来为项目的最后价值目标负责。

第八章

建筑工程项目目标管理

第一节 建筑工程项目施工成本管理

一、施工成本的构成与预测

（一）直接成本与间接成本的区别

建筑工程项目的成本结构好比一张纵横交错的网，直接成本与间接成本便是织成这张网的经纬线。直接成本是可以明确归属于某一施工对象或施工任务的费用，这些费用构成工程的核心价值，人工费、材料费、施工机具使用费是显而易见的三大要素。以位于城市核心区域的一座超高层综合体项目为例，该工程桩基工程中每一吨的高性能混凝土、每根钢筋，乃至开动旋挖钻机的工人的薪资，都是构成分项工程直接成本最明显的三个部分。这些成本的产生与工程实体的形成过程联系密切，量的增减与工程量变化呈现极强的正相关，但对直接成本的认知绝不能止步于简单的相加。材料成本控制不是单纯采购单价的博弈，而是关乎采购时机、物流路径选择、库存管理甚至对全球大宗商品市场走向的预判。当项目所需特种钢材定价与国际铁矿石期货挂钩时，项目采购经理的决定便不再局限于工程管理范畴，而是进入金融和风险的领域。

间接成本为工程正常开展营造出必需的环境和条件，但很难确切地把它与某个特定的工作面联系起来，这一部分的资金大部分包含施工单位为了组织和管理施工活动所支出的各项开销、现场管理人员的工资、临时搭建和摊销的设施，办公用品的消耗、水电费用，还有一些为保证整个工程正常运转而不得不付出的各种费用。还是以超高层综合体项目为例，项目经理、技术负责人、安全员的薪酬，为他们提供的现场办公室以及办公室中的通信设备，还有为了维持夜里施工而架设的照明系统所需的电费，这些都算作间接成本。这些成本的特性在于其“共同性”和“期间性”，它们是为了整个项目的所有施工任务而服务的，发生额与项目的持续时间联系得更紧密，而不是与工程量直接相关。管理间接成本，考验的是项目团队整体运作的效率与资源调配的能力，一个小小的临时道路维护不当，可能会造成材料运输效率低下，从而引发一连串的工期延误、成本上升，这就是间接成本管理的复杂性和重要性所在。

直接成本和间接成本之间并不是泾渭分明、一成不变的，在一定的管理背景和技术背景之下，甚至会出现两者相互转化的情况，这种动态的辩证关系是成本精细化管理必须要去了解的。如项目部决定斥巨资买一套预制构件的自动化生产线，这台昂贵的自动化生产线作为固定资产，其产生的折旧费用在当期的会计核算中一定会造成间接成本的大幅上涨，但是由于有了自动化生产线的帮助，可以大大降低单位构件所需要的生产人工数量，降低材料在加工过程中的损耗，从而压低了工程实体中的直接成本。反之亦然，如果项目部为了压低间接成本而决定减少现场管理人员的数量，那么现场监管的力度就会下降，就会导致材料浪费、施工返工等一系列问题的发生，反而会提高直接成本。这种转化关系背后的逻辑是管理决策和技术选择对于生产要素组织方式的重塑，现代工程项目管理的一个重要趋势就是增加“智力型”间接成本的投入，如加强BIM技术的应用、搭建智慧工地管理平台等，从而提高整个项目的生产效率，最终达到项目总成本最优的结果，而不是单纯追求某一种成本的降低。

（二）工程量清单计价模式中的成本预测

工程量清单计价模式的实施标志着建筑市场的改革，传统定额计价已不再适用于当前的市场形势，取而代之的是成本预测以更细化的、市场化的工程量清单为准。在该模式下，以往笼统的经验估价和区域性统一定额的状况不复存在，而是根据国家统一的工程量计算规则，把招标图纸上的工程按照其特征和计量规则逐项计算工程量，并将计算出来的工程量详细列成表单，这便是工程量清单计价下的分部分项工程量清单。投标企业将根据自身管理水平、技术水平、市场水平，在分部分项工程量清单的基础上对每个细目的单价自主填报，以自主确定其总报价。以一个大型城市地铁站土建为例，其工程量清单将会将地铁车站主体结构分解成几千个单位细目，包括从地铁车站站台的一块预埋铁件到几十万立方米的土方开挖以及钢筋混凝土的浇筑，都将有计算并明确规定。这种模式下的成本预测，重点是“量”统一、“价”竞争。预测是否准确，关键看两个基本前提：一是设计图纸的深度、质量是否过关；二是对清单项目特征描述是否准确。任何一个图纸上的疏忽，或者描述上的歧义，都有可能造成工程量计算错误，从而为后面的成本控制埋下隐患。

虽然工程量清单计价模式为成本预测提供了科学规范的框架，但是它内在的不确定因素与风险仍然不能被忽略。项目成本预测遇到的难题，归根结底是因为建筑产品的生产过程具有独特性、复杂性以及动态性。如地铁车站处在地底深处，施工时面临的地质状况有诸多未知之处，即使前期有地质勘探报告，但是一旦在实际挖掘的时候碰到未曾探明的孤石或软弱夹层，或是承压水，就会让既有的施工方案完全失效，造成单位工程量成本飞速增长。此时，投标的时候所填的综合单价里面包含的风险费用能否涵盖这些变化，就变成考验承包商风险管理能力的重点。市场价格的波动，特别是钢材、水泥这些主要建材价格的波动，也会影响到成本预测的准确度。一份在投标阶段看来非常准确的成本预测，在几年的项目建设过程中，由于宏观经济环境的变化，可能会变得面目全非，所以一个成熟的成本预测体系，不能只是一个静态的数字模型，而应该是一个动态的、能够充分考虑各种风险因素的综合评估系统。

为了应对工程量清单计价模式带来的诸多不确定性，现代成本预测理论与实践正在不断引入更复杂的分析工具。传统的单点式预测，即给出一个确定的成本预测值，已经被区间式预测和概率式预测所取代。参数估算法是一种常用的方法，它通过寻找影响成本的关键参数，如医院单位床位造价、学校单位学生造价，建立数学模型，在新项目初期规划时就能迅速估算出成本范围，为决策者提供参考。更先进的蒙特卡罗模拟技术则把成本预测带到了概率统计领域，这种方法不再把材料单价、人工效率等影响因素当作确定值，而是把这些因素看作符合特定概率分布的随机变量。通过计算机来进行上万次随机抽样和计算，最后得到的不是一个单独的成本数字，而是一条成本的概率分布曲线，项目管理者可以很清楚地看到，这个项目 90% 的概率会在哪一个成本范围内完工，或者成本超过某个数值的概率有多少。这样一种基于概率的预测方法，让成本管理从“算准”的迷思中解放出来，转而进行风险的量化认知与主动管理，这无疑是对成本预测理论的一次重大变革。

二、施工成本的过程控制

（一）成本计划的编制与分解

施工成本的过程控制从一份详细的成本计划开始，成本计划就是项目航行的“海图”，有了它，一切成本控制活动才有方向、有基准。成本计划的编制是个自上而下的过程，它从合同价开始，合同价是项目成本控制的总目标，也是总约束。但是合同价只是一个高度概括的数字，不能直接用于指导施工管理，所以必须把这个数字沿着项目结构往下分解，分解到可以明确责任、便于考核为止，这个分解的工具就是 WBS。以一座特大悬索桥的施工为例，总合同价会先被分解到桥塔、锚碇、主缆、钢箱梁架设等大的子项目上，接着这些子项目又会被细分成更多详细的工作包，如桥塔的桩基施工、桥塔的承台施工、桥塔的塔柱浇筑等。与此同时还要创建一个与 WBS 相对应的成本分解结构（CBS），把分解后的成本目标值逐一落实到每一个工作包上面，只有这样才可能让成本目标的分配变得科学合理。

成本计划的生命力在于它的可执行性，而可执行性的核心在于把成本责任与组织结构联系起来。只把成本目标拆解到工作包上是远远不够的，还要明确“谁”要对这些成本负责，这就要求在拆解成本的时候，加入组织分解结构（OBS），从而达成 WBS-CBS-OBS 三者联动匹配。在悬索桥项目里，负责桥塔施工的分部项目经理，就需要对桥塔工作包下所有成本子项的达成承担起责任，这种以责任中心为基础的成本控制体系，把宏观的成本目标转变成项目内部各个管理层级、各个责任单位具体的绩效考核指标。一个设计周全的成本计划分解体系，就像给项目建立了一套精确的“神经系统”，任何部位的成本波动，都会被迅速察觉并找到对应的负责单位。为了提升计划的指导意义，一般会把成本计划与进度计划结合起来，制订出“成本 - 时间”整合计划，清楚表明在项目不同的时间点上，计划要达成的工程量以及相应的成本支出应该是多少，这样就为后续的动态比较和偏差分析提供了参照。

一份技术上完美的成本计划，如果不能被项目团队成员普遍认同和自觉遵守，那么它也只是一纸空文。成本计划的编制与分解过程，也是一个统一思想、形成共识的过程。现代项目管理提倡“参与式”计划编制，反对高层闭门造车，在分解成本目标的时候，应充分听取一线施工队长、技术员、采购员的意见，因为他们最清楚每个施工环节的成本发生规律。通过上下结合、反复磋商来确定的成本目标，更容易被基层管理者所接受，也更可能成为他们主动控制成本的动力。成本计划的交底与可视化也很重要，与其把复杂的成本报表束之高阁，不如将其变成直观的图表、看板，贴在施工现场最醒目的地方，让每个员工都能清楚地看到自己所在岗位的成本目标以及实际完成情况。只有当成本控制不再是项目经理和成本工程师的事情，而是一种弥漫在整个项目现场的文化时，成本计划的威力才会真正显现出来。

（二）挣值管理法的应用与深化

在项目成本和进度双控方面，挣值管理法（earned value management，EVM）提供了非常有洞察力的整合性分析框架，传统成本控制办法只是把“实际花费”和“预算”进行比较，这种做法有个严重的盲点，就是不知道花掉的钱到底能不能换来相应的工程进展，某个项目也许花掉了预算的50%，但是实际完工的工程量只有30%，这种事情在传统办法里很容易被忽略。而EVM则是靠三个数据彻底改变这一切，这三个数据分别代表：目前计划要做多少工作，即计划的价值；目前做了多少，做的这个数是值得用预算衡量的，这个叫“挣值”，也就是完成的工作；然后这个数的大小，就是实际花的金额。有了这三个基本量对比，项目管理者就能够在迷雾之中看清项目状况，就像医生诊断一个病人一样。

EVM的核心就是两个关键绩效指数，一个是CPI=EV/AC，另一个是SPI=EV/PV。CPI衡量的是资金的使用效率，如果CPI大于1，那么实际花费的成本就小于所完成工作的预算价值，项目在成本上就是节约的，否则就是超支。SPI衡量的是时间的利用效率，如果SPI大于1，那么实际完成的工作量就大于计划，项目进度就是提前的，否则就是滞后。以一个充满变数的旧建筑改造项目为例，项目进行到一半的时候，财务报表显示实际花费正好是预算支出的一半，按照传统方法，可能会得出“一切正常”的结论。但是通过EVM分析得知CPI为0.8，SPI为0.75，这两个数值都小于1，这无情地揭露了项目同时处于“超支”“滞后”的两难境地。CPI为0.8，意味着每花费1元的成本，只创造出了0.8元的工程价值。这样的量化诊断，给项目经理敲响了警钟，他需要马上到现场，去寻找效率低下的真正原因，是因为设计变更太多，还是施工工艺错误？从而对症下药。

随着项目管理理论的发展，经典的挣值管理法也不断地发展、演进，其中一个重要的发展方向就是“挣得进度”（earned schedule，ES）理论的提出。传统的SPI指标虽然可以反映进度情况，但是它在项目后期会逐渐接近于1，从而变得不敏感，而且它的单位是“货币”，不够直观。ES 理论就是将挣值（EV）投影到计划工作量（PV）的时间轴上，直接用时间来衡量项目的进度偏差。如一个项目的挣得进度是 6 个月，但是现在已经过去了 8 个月，那么项目实际上就滞后了 2 个月，这样的表达方式要比“SPI 等于 0.75”容易理解得多。而且，如何把 EVM 与风险管理和质量管理更好地联系起来，这也是当前研究的重点。如在算挣值的时候，不只是看工作是否完成，还要加上质量系数，只有质量合格的工作才会被完全算到挣值中，这种综合性的评价体系可以更全面地显示项目的真正实施情况，促使项目管理朝着多目标的协调改善迈进。

第二节　建筑工程项目进度管理

一、施工进度计划的编制原理与方法

（一）网络计划技术的核心逻辑

施工进度计划的编制是项目管理中的一项科学与艺术兼备的复杂工作，它的根本目的是在满足资源、技术、合同等各方面的约束条件的前提下，安排好各项施工活动的开工和完工时间，从而保证整个项目的总工期得以实现。在各种各样的计划编制方法中，网络计划技术（network planning technique）无疑是现代项目管理的一座基石，相对于传统的横道图，网络计划技术的革命性之处就在于，它不仅仅显示了“做什么”（活动）和“什么时候做”（时间），还深层次地揭示了各项活动之间错综复杂的“逻辑关系”，即一项工作必须在另一项工作完成后才能开始，或者两项工作必须同时进行等。这种逻辑关系，形成了项目本身的一种内在的、不以人的意志为转移的“生产工艺流程”，把项目分解成一系列的活动，用带有箭头的线段或节点来表示这些活动以及它们之间的逻辑关系，这样就形成了一张项目的“流程图”——网络图。这张图用一种非常直观且严谨的方式把复杂的工程项目结构化、模型化，从而为之后的进度计算和优化工作提供了数学基础。

网络图的建立过程是一个对项目流程进行深度梳理的过程，项目组必须要找到项目中的所有必要活动，而且要准确地界定它们之间的依赖关系，其中既有工艺上的依赖，如必须先完成基础浇筑，才可能进行主体结构施工；也有资源上的依赖，比如两项工作需要共同使用一台大型塔吊；还有管理上的依赖，如某些决策或者审批环节。这个过程使管理者们无法再凭借模糊的经验进行拍脑袋式安排，而必须对项目的每一个细节进行逻辑推演。网络计划技术的核心逻辑就是通过“时间参数计算”来进行量化的分析。这个计算分成了“正向”和“逆向”两步。正向就是从项目开始的地方出发，跟着逻辑顺序一个个算出每个活动最早什么时候开始干（ES），最早什么时候干完（EF），最后得出整个项目最早能完工的那一天。逆向就是从项目结束的地方开始，也就是合同要求的工期，往回推算每个活动最迟什么时候才能结束（LF），最迟什么时候开始（LS），意思是在保证整个项目按时完成的前提下，各个活动最晚的时候必须开始和结束的最迟时间。

通过正向和反向计算，网络计划技术给人们带来了一个非常重要的概念——时差（float 或者 slack）。时差就是某项活动的最迟开始时间与最早开始时间的差值，它表示该活动在不推迟总工期的情况下所具有的“机动时间”或者“缓冲时间”。时差的大小直接反映该项活动在进度安排上的灵活性，那些总时差为零的活动，就表示它们没有机动时间，哪怕稍晚一点开始，整个项目的总工期也会跟着晚一点。这些活动之间相互关联，形成了一条或多条在整个网络图中最为漫长的路线，这条路线就被叫作“关键路径”（critical path）。找到关键路径是网络计划技术最大的价值，如此一来项目管理者就能把有限的管理精力和资源集中到少数关键活动上，这些活动决定了整个项目的总工期。对关键路径上的活动，要重点看管和资源倾斜，而那些时差较大的非关键活动，在资源紧张的时候，可以推迟开工，进行“错峰施工”，这样就能更合理地利用资源。

（二）关键路径法与计划评审技术

在网络计划技术中，关键路径法（critical path method，CPM）是用得最多的。CPM 产生于 20 世纪 50 年代的工业界，它最突出的特点就是假定各个活动的持续时间是“确定”的，在编制计划时，针对每项活动，都会给出一个单一的、确定的工期预估数值。以一项混凝土浇筑工作为例，它的工期依照工程量和施工效率被预估成 5 天，按照这个确定的时间预估，CPM 凭借前面提到的正向和逆向计算，就能准确找到网络里的关键路径。CPM 的优点是逻辑性强，计算简单，结果明确，非常适合于那些技术成熟、施工经验丰富、活动持续时间较易确定的常规建筑工程项目。它为项目管理者提供了一张明白无误的“作战地图”，清楚地告诉管理者哪些地方必须死守，哪是“主攻阵地”（关键活动），哪些地方可以机动，哪些是“辅助战场”（非关键活动）。

但是在很多充满未知和创新的项目里，把活动持续时间当成一个确定的值，未免有些太理想化了，特别是一些研发性质强、技术上存在不确定性的项目。如建一座结构形式前所未有的新型体育场馆，或者用一种全新的施工工艺，管理者很难给出一项活动的准确工期，这个时候，计划评审技术（program evaluation and review technique，PERT）就出现了。PERT 方法承认并试图衡量这种“不确定性”，它不给活动的持续时间做单点估计，而是让专家针对每个活动给出 3 个时间估计值：最乐观时间（a），即一切顺利情况下的最短工期；最悲观时间（b），即遇到各种困难时的最长工期；最可能时间（m），即正常情况下的工期。根据这三个值，PERT 运用 β 分布的统计学原理，算出该项活动的期望工期［$t_e=(a+4m+b)/6$］和方差。这种方法把专家的经验判断与概率统计理论结合起来，使工期估算由一个“确定值”变成了一个带有风险信息的“概率分布”。

PERT 方法的深意在于它把进度管理从确定性世界引入不确定性世界。当利用 PERT 网络执行运算的时候，项目总工期不再是一个固定的数值，而是变成一个符合正态分布的随机变量，能够算出这个项目在某一个具体日期之前竣工的“可能性”有多大，也许会算出该体育场馆项目按时竣工的可能性只有 60%，要是想把竣工的可能性提升到 95%，就得再增添一个月的缓冲时间，凭借这种依照概率的分析，为项目决策者提供了比单纯工期数字更多也更深邃的决策信息。他们可以按照自己对风险的承受能力，选择是接受目前的完工概率，还是采取增加资源投入，改进施工方案等办法来缩减关键活动的工期，从而提升按期完工的可能性。CPM 和 PERT 并不是彼此排斥的，而是互相补充的，在实际操作中，项目管理者经常把两者结合起来使用，对于那些平常的、成熟的活动，使用 CPM，而对于那些新的、有风险的活动，则宜采用计划评审技术（PERT）的三点估算法。通过两种方法的结合，可在保证计算简明性的同时，更加贴近实际情境，有效提升对不确定性的掌控能力。

二、施工进度的动态跟踪与控制

（一）进度信息的采集与处理

一份编制好的进度计划，仅仅是一次成功的开始，如果不对工程中施工的实际进展进行及时准确的跟踪，那么计划也将很快与现实脱轨，成为空谈。因此，要想实现进度动态控制，就必须建立健全进度信息采集与处理机制，这是生命线。以往进度信息的采集大多采用人工填报，施工队每天报一份施工日志，监理工程师巡视一天填一份监理报告，每周项目经理部开一次进度会议，把信息集中在一起。这种办法的好处是简单方便，但是它的缺点也很明显，即信息传递链条很长，很容易出现延误或失真情况。数据带有很强的主观色彩，每个人对于“完成 50%”的理解或许差别很大，而且信息大多以非结构化的文字形式存在，很难进行量化统计分析。在一个体量庞大、工序繁杂的项目中，依靠人工汇总的周报或月报来判定进度状况，就好像驾驶一艘巨轮却只盯着几分钟前画好的海图，它的滞后性潜藏着极大的危险。

为了解决传统信息采集的弊端，现在建设一座大楼时越来越多地应用自动化、智能化数据采集的技术手段。在一些重要的预制品（管片和钢梁等）上面粘贴 RFID（无线识别的简称）标签，通过无线射频识别技术实现自动跟踪，从生产制造、运输、进场验收到吊装完成，整个过程中，它的空间和位置的状态通过物联网的网络传回项目信息。或者在现场挂一些高清的监控摄像头，然后通过计算机视觉，自动检测出特定区域内正在进行哪些作业，通过对比图片来计算出完成多少工程量。无人机倾斜摄影技术可以在短短几十分钟内就能对数平方千米的工地进行三维实景建模，把本周期的模型和上一个周期的模型进行叠加，就可以精准算出土方开挖、回填的工程量变化。这些技术手段使进度信息的采集频率从“天”级提升到了“小时”级甚至“分钟”级，而且能提供客观、量化的数据，为精细化的进度控制奠定了基础。

采集到的海量、多源的进度数据，只有通过有效的处理和整合，才能变成管理者能够理解并利用的“进度信息”。其中的核心就是把采集到的“实际状态”和“计划状态”进行对比，找出“进度偏差”。一个优秀的进度信息处理系统，应当能把来自不同渠道的信息（比如人工报送的完成量、传感器采集的状态、无人机测绘的方量）结合起来，而且能够自动与进度计划中的活动关联起来，不仅能计算出某个活动的进度偏差，还能自动判断这个偏差对后续工作以及总工期产生的连锁影响。以系统发现 A 活动实际进度比计划晚了 3 天为例，它马刻就能判定 A 活动是不是处在关键路径上，如果 A 活动不是关键活动，那么它还会计算 A 活动剩余的时差能不能消化掉这 3 天的延迟。这种智能化的分析可以把项目管理者从一堆数据比对中解放出来，使他们能把精力集中在那些真正对项目目的形成威胁的“关键偏差”上，做到“基于例外的管理”。

（二）“香蕉曲线”在进度控制中的应用

在众多进度控制工具中,“S 曲线”由于形状像香蕉，所以又被称为“香蕉曲线”。它是应用最广、效果最明显的一种直观有效的可视化工具。它的横坐标表示时间，纵坐标表示累计完成的工程量（用投资额、工作量或比例均可）。一条典型的计划 S 曲线（planned value S-curve）在项目开始阶段比较平缓，这时主要是施工准备和基础工程，投入的工作量不多；项目中期，多个工作面同时展开，进入施工高峰时期，曲线变得十分陡峭，表明工程量正在快速积累；项目后期，基本只剩下一些收尾工作和调试，曲线再次变得平缓，直至项目结束时达到 100%。这条计划 S 曲线就像一条事先设定好的“行军路线”，清楚地勾勒出项目在整个生命周期里，工作量应该如何随着时光流逝而逐渐累积。

S 曲线的真正威力是“对比”，在项目实施的过程中，可以每隔一段时间（比如一周或一个月），将实际完成的工作量所对应的累计值，绘制出一条实际 S 曲线（earned value S-curve），然后把它和计划 S 曲线画在一张图上，这样就可以通过比较两条曲线的相对位置，来了解项目的进度情况。如果实际 S 曲线在计划 S 曲线的上方，就表示实际进度比计划进度快；如果实际 S 曲线在计划 S 曲线的下方，就表示实际进度比计划进度慢。两条曲线在垂直方向上的差距，可以很直观地看出进度偏离了多少；而在水平方向上的差距，则可以粗略地估计出进度提前或拖延了多少时间。如在第 6 个月末时，看到实际 S 曲线的位置只相当于计划 S 曲线在第 5 个月的位置，这就清楚地表明项目滞后了一个多月的时间。用这种图形化的方式来表示进度，要比那些枯燥无味的数字报表容易被项目的各级管理人员甚至业主、高层领导所接受，是一种很好的沟通工具。

除了计划S曲线和实际S曲线以外，在S曲线图中一般还要画一条实际成本S曲线，这样就可以在同一张图上得到三根曲线：PV（计划值）、EV（挣值）和AC（实际成本），也就是一个简洁明了的挣值管理图。通过观察这三条线的关系，就可以对项目的进度和成本做出一个全面的判断。比如在某一时刻发现EV曲线位于PV曲线之下（说明进度滞后），而且AC曲线又高于EV曲线（说明成本超支），这时项目就发出了"双输"的危险信号。S曲线既能用在对整个项目的宏观控制上，也能用在对重要子项目或者分部分项工程的监控上。项目经理可以拥有多个S曲线，从顶层的项目总体S曲线，到各个专业的S曲线，再到各个施工区域的S曲线，形成一个多层次的进度监控体系，一旦发现顶层曲线出现问题，就可以层层下钻，找到造成偏差的具体环节。S曲线就像项目管理的"心电图"，通过不断监测它的搏动节奏和形状，就能迅速察觉到项目生命体征的任何异常。

第三节 建筑工程项目质量管理

一、施工质量管理体系的构建与运行

（一）全面质量管理的理念及其实践应用

建筑工程的质量是项目所有价值的最终体现，它关系到人民的生命财产安全，也决定着建筑产品的寿命和社会评价。在质量管理理论发展的长河里，全面质量管理（total quality management，TQM）思想的出现，使质量管理从过去的"检验"阶段，进入到"全员参与、全过程控制、全面方法使用"的新的发展阶段。全面质量管理（TQM）的核心理念在于将质量责任从少数检验人员扩展到生产全过程，强调质量是生产出来的，而非检验出来。"全员参与"的思想表现在项目里的每个人，从项目经理到最基层的一线操作工人，都要对最后的工程质量负责。

传统的质量管理大多关注于施工阶段的实体质量，而TQM把质量管理的视角延伸到了项目的全生命周期，从项目的决策开始，包括勘察设计，再到材料采购、施工安装、竣工验收、直到项目后期的运营维护。它深刻体会到，施工阶段出现的问题，往往源自设计阶段的缺陷或者材料采购时的疏忽，一个小的设计错误，可能造成施工阶段大量的返工和资源浪费，留下永久的质量隐患。TQM要求建立一个贯穿全过程的"质量保证链"，从设计评审、选择合格供应商、进场材料检验到工序交接检查等环环相扣，使前一环节的输出成为后一环节合格的"输入"。这种"预防为主"的思想，是想从根本上消除出现质量问题的可能性，用最少的费用获得最好的质量。

为了支撑全员、全过程质量管理，TQM主张运用全面的、科学的管理方法和工具，其中最著名的就是"PDCA循环"（计划-执行-检查-处理），这是推动质量不断改进的基本逻辑。项目首先要依据质量目标和标准，制订详细的质量计划（plan）；然后按照计划组织实施（do）；在实施过程中，通过检查、测量等方式，分析实际执行情况与计划目标之间的差距（check）；根据检查结果，把成功的经验和失败的教训标准化，纳入下一轮的计划中，开始新一轮的循环（act）。除了 PDCA 循环这个大框架以外，TQM 还引进了众多的 SPC（统计过程控制）工具，如因果分析图、控制图、直方图等，借助这些工具，项目团队可以对质量数据展开科学的分析，找出造成质量波动的真正缘由，这样就能为质量改进提供精确的数据指导。

（二）ISO 9000 族标准在工程项目中的应用

如果说 TQM 是一种先进的质量管理哲学思想，那么 ISO 9000 族标准就是把这种思想落实到行动上的一套国际通用的、可操作的、可审核的“行动指南”和“评价标尺”。ISO 9000 族标准是由国际标准化组织（ISO）制定并发布的有关质量管理和质量保证的一系列标准，其主要目的是帮助各种类型的组织建立并实施有效的质量管理体系（quality management system，QMS），以稳定地提供符合顾客要求和适用法律、法规要求的产品。对建筑施工企业来说，取得 ISO 9001 质量管理体系认证，是参与市场竞争特别是参与大型项目和国际项目竞争的“入场券”，从而向业主和社会公众表明，该企业已建立了一套符合国际标准的、规范化的质量管理程序，具有提供合格工程产品的基本能力。

工程项目里应用 ISO 9001 标准，关键之处在于创建起一套文件化的质量管理体系，这套文件体系一般包含四个层级：最高层（第一层）即“质量手册”，它阐述了企业的质量方针和质量目标，对整个质量管理体系的架构做了纲领性的描述；第二层是“程序文件”，它针对质量管理体系所要求的各项活动，如合同评审、文件控制、采购控制、过程控制、不合格品控制等，给出了“由谁做”“做什么”“怎么做”的流程和职责；第三层是“作业指导书”或者“施工组织设计 / 方案”，这些是就具体分部分项工程或施工活动，制定更为细致的技术和管理规则，最底层（第四层）是“质量记录”，涵盖各种检查表、试验报告、验收记录等，这些都是证明质量管理体系有效运行的客观证据。这套文件化的体系把质量管理活动由“人治”变成“法治”，使项目的各项质量活动都有章可循、有据可依。

但是，ISO 9000 的应用不能只是“写我所做，做我所写”，ISO 9000 标准的精髓在于标准所体现的八项质量管理原则，如“以顾客为关注焦点”“领导作用”“全员参与”“过程方法”“持续改进”等。一个真正有效运行的 QMS，应该把这些原则变成项目组织的一种习惯。比如“过程方法”这个原则，项目管理者不能只关心最后的检验结果，而要把项目的建造过程看成是许多相互关联的增值过程，然后通过对每个过程的输入、活动、输出进行有效的管理与控制，从而保证最终的产品质量。遇到质量问题时，不是简单地处分责任人，而是用“基于事实的决策方法”，找到是哪个过程环节出了系统性问题，再启动“持续改进”，对流程进行改进，避免以后再犯这样的错误。

二、施工过程的质量控制要点

（一）“人、机、料、法、环”五要素质量控制分析

施工过程是建筑产品最终质量形成的阶段，该阶段质量控制的成功与否，直接决定着建筑项目的最终品质。要系统地把握施工过程中的质量影响因素，工程界普遍采用“人、机、料、法、环”五要素分析法，针对每一个要素，建立对应的控制要点。“人”是五要素中最具有能动性也是最难以确定的因素。对人的控制，关键是要保证参与施工的每一个人都具备其岗位所需的能力与意愿，不仅包括对项目经理、技术负责人等管理人员的资格审查，也包括对一线操作工人，如焊工、电工等特殊工种的持证上岗。而且要进行严格的岗前培训和技术交底，使每一个工人明白自己要做的工作的质量要求和操作规则。建立合理的激励机制，把质量表现和收入联系起来，这也是调动工人质量责任心，把“要我做”变成“我要做”的一种办法。

“机”和“料”，也就是施工机械设备及建筑材料，这是形成工程实体所必要的物质根基，它们的质量状况直接关乎着工程的“基因”。对机械设备的把控重点在于保证其性能指标、运行情况符合施工工艺的需求。那些大型的设备如塔吊、施工电梯等，一定要经过专门机构的检测验收，由持有资格证书的专业人员来操控，在使用过程中还要建立严密的日常检查及定时保养制度，从而防止设备“带病工作”而引发质量问题。对于建筑材料的控制，则要建立“采购、运输、仓储、使用”这一整条链路的监控体系。首先是把好“进场关”，所有用在工程上的主要材料，都必须具备出厂合格证以及材质证明，并按照规定执行进场复试，复试不合格的材料绝不能被放行出场。在仓储和使用过程中，也应根据不同的材料特性，采取防潮、防锈、防火等措施，防止材料因保管不当而发生性能劣变。

“法”和“环”就是施工方法和施工环境，它是保证人、机、料有机结合，最后变成合格产品的“软件”和“平台”。“法”是广义的，它不仅指国家和行业制定的法律、法规、标准、规范，还包括针对某个工程项目的施工组织设计、专项施工方案和作业指导书。对“法”的控制，就是要使施工活动始终处于正确的“轨道”上。在方案的编制阶段，要确保方案的技术可行性和安全可靠性，严格履行内部审批程序，进行外部论证。在方案的执行阶段，要通过技术交底和过程监督，使一线的作业活动完全符合方案的要求，杜绝一切违章指挥和随意更改。对于“环”即施工环境的控制，则是为施工创造一个良好的、有序的外部条件。一方面是对施工过程中所处的温度、湿度、风力等自然环境条件的控制与适应，如冬季施工的保温措施、雨季施工的排水措施等。另一方面是对作业面“文明施工”的管理，保证施工现场的整洁、道路的畅

通、标识的明确，从而给一个高质量的作业活动提供一个高质量的“舞台”。

（二）样板引路与技术交底的重要性

复杂的建筑施工过程，只靠抽象的图纸、规范、文字方案，很难把设计者的想法、质量标准等准确无误地传达给每一个一线操作工人。为了解决这个“最后一公里”的问题，“样板引路”制度应运而生，并且被证明是极为有效的质量控制手段。“样板引路”，顾名思义，就是在每个大面积施工前，挑选一个有代表性的地方或构件，按照最高的标准，细致施工，做一个可供参观、学习、评判的“实物样板”。这个“样板”起着多重的作用：第一，它是个“可视的技术交底”，工人通过眼见为实、亲自动手摸一摸样板，就能直观地明白什么是“合格”，什么是“优秀”，远比千言万语的说教来得有效；第二，它是个“统一的标准”，项目上的所有管理者、操作者、监理员，都是以这个共同的样板作为参照物，来评判后面大面积施工的质量标准，避免因为每个人的理解不一样而导致质量标准出现分歧。

样板的制作过程，其实就是一个对施工方案的“实战演练”和“优化升级”的过程，在制作样板的时候，可以把施工方案当中的工艺流程、操作要点、质量控制点等，都进行一次完整的预演，在这个过程中，可能会发现原方案中一些不合理或者操作起来比较困难的地方，就可以及时地调整和完善，而不是等到大面积施工的时候才发现问题，导致大量的返工浪费。如在一个外墙干挂石材的项目中，做一个样板墙面，就可以检验石材的排版效果、龙骨的安装精度、注胶的饱满度等一系列工艺。项目部可以组织所有的人员，包括设计、监理、施工班组，对样板进行联合评审，共同确定最终的工艺细节及验收标准，一旦样板确定下来，那么它就是一个具有“法律效力”的实物标准，后续所有的工作都要以此为参照，也就是“先演一遍，再上战场”，这样才能确保复杂的装饰装修工程在施工过程中实现对观感质量的严格控制，最终呈现出来的效果一致，品质优良。

与样板引路这种“实物交底”相互配合，规范、严谨的技术交底，是让质量要求得以正确执行的“程序保障”。技术交底，并不是简单地“告诉”，而是“确保理解，明确责任”的管理闭环。在每一项工序开工之前，项目的技术负责人必须对负责该项任务的施工班组长和主要操作工人进行面对面的、有针对性的交底，交底的内容，既要包含图纸的要求，也要包含规范的条文，还要结合现场的实际状况，清楚地讲述这项任务的施工步骤、关键的质量控制点、容易出现的质量通病，以及防止这些质量通病发生的办法。一次有效的技术交底，必然是双向的，交底人不仅要说，还要问，看被交底人是不是真听懂、真明白。而且技术交底必须要有书面记录，交底人和被交底人要签字，这是对技术交底严肃性的要求，也是将来发生质量问题时追责的依据。可以说，样板引路和技术交底是项目质量管理从宏观策划到微观执行的关键一环。

第九章

建筑施工安全管理

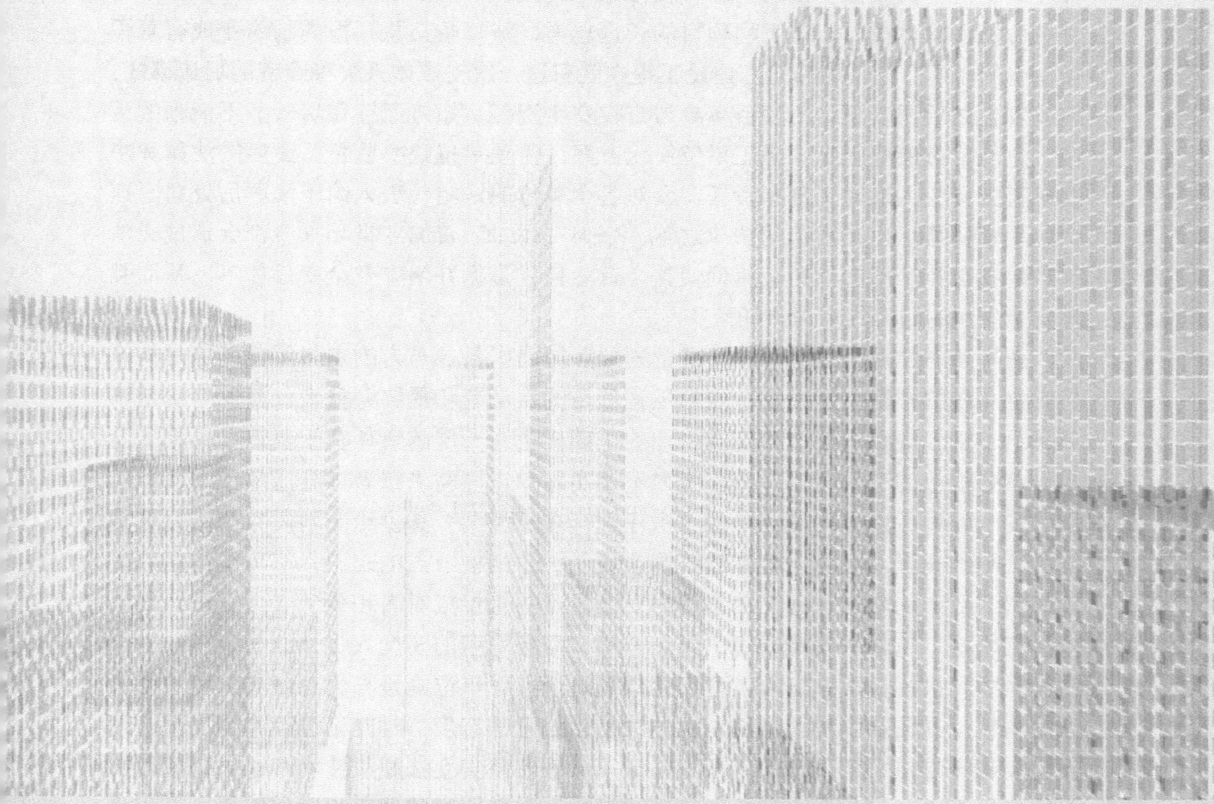

第一节　建设工程安全生产管理

一、安全生产责任体系的构建与落实

（一）法规框架与主体责任界定

建设工程安全生产的法规体系，其发展轨迹能够鲜明地反映我国安全管理理念由被动应对事故转向积极防范风险的重大转型，之前侧重事故后的追责和善后处理，确实产生过一定的震慑效果，但是并未真正根治事故频发的态势。《中华人民共和国安全生产法》《中华人民共和国建筑法》等核心法律确立并不断发展完善之后，安全管理的主基调被硬性地提前到源头发掘隐患、全程掌控危险之中。背后的逻辑体现对生命价值的尊重以及对工程项目的长远思考，法律条文从死板的制约变成有着积极指引的作用。如某城市轨道建设工程中就有过一次支撑体系失稳致使的坍塌事故，事故发生之后调查显示，项目各参与方在安全责任认知方面存在着一些不清晰的区域。建设单位催促施工，施工单位简化方案，监理单位缺少监督，最后的法律裁决既对直接责任人追究了刑事责任，又对各个单位的法定代表人给予了严厉处罚。这个典型事例显示出在当前的法律之下，任何主体对职责的忽视和推脱都会造成无法弥补的损害和严厉的处罚，这促使整个行业自觉遵循并恪守安全责任体系，从而强化安全生产的制度约束与责任落实。

在复杂的建设工程活动中，清楚划分并协同好各参与方的主体责任，这是构筑起安全防线的根基。建设单位作为工程项目的启动者和最终受益者，其安全责任不只是给予符合规定的资金和安排合适的工期，更深一层的责任在于营造一种把安全当作首要价值的工程文化，防止因为不切实际的进度需求或者过分压缩成本而间接引发安全问题。勘察和设计单位的责任则存在于源头，其供给的地质数据和设计图纸务必精确无误，任何一个参数的错误或者一个结构节点的疏忽，都可能给后续的施工留下致命的隐患。施工单位作为安全风险的直接应对者和管理者，其责任最为具体和繁重，包含从制定专门的施工方案，配备称职的安全人员，给予足够的安全设施，再到执行日常的安全教育和检查等。而监理单位则是充当着独立第三方监督者的角色，其主要职责就是用专业的眼光和公正的态度，对施工过程中的安全管理行为实施全方位、全天候的审核与鉴证，保证各项安全法规和技术标准被毫不打折扣地执行下去。在某座大型桥梁工程建设中，就曾因为监理工程师坚守原则，不肯签认一份含有严重安全隐患的高支模方案，并且马上向上级部门汇报，才得以防止一起可能发生的重大坍塌事故，这同样表明各个主体各司其职、互相牵制对于保障工程安全来说极其关键。

把法律文本里明确的主体责任变成项目现场具体又微小的行动自觉，是安全管理从纸上谈兵到落地生根的关键跨越，但这个过程却布满荆棘。现实工程里“责任空转”“文牍主义”的情况比比皆是，堆积如山的安全会议记录、检查表格、责任状等，有时候并没有真正触及风险的要害，反而成了形式化的一层自我保护，责任在不同层级、不同部门之间被下意识地推来推去，一线操作工人和项目决策层的安全行为之间出现断裂。要想破解这种困局，就得用上更科学的管理模型和工具，如管理学里的“瑞士奶酪模型”，它形象地展示了事故发生的原理。也就是当项目各个参与方、各个管理层级的安全屏障（就像一片片奶酪）上的“孔洞”（就是缺陷或者失误），在某个瞬间刚好对齐的时候，风险就会穿透所有的防线，最后变成事故。强化责任落实的关键是通过严格的合同条款、量化的绩效考核、可追溯的信息化管理平台，尽量让每一片“奶酪”上的孔洞少一些，并且尽量让这些孔洞不“对齐”，也就是要让项目管理者把安全责任的考核与经济利益、职业发展等紧紧绑定起来，变成一种硬性约束，使每个责任主体都要主动地、创造性地履行自己的安全责任，从“要我安全”变成“我要安全”。

（二）风险分级管控与隐患排查治理机制

风险分级管控是现代安全管理精髓的体现，管理者不能对所有风险“一视同仁”地用力，而是要根据风险大小来采取差异化的、精细化的管理方式，其起点是全面而系统的风险辨识，这离不开管理人员的经验，更需要科学的分析手段。LEC 评价法（危险性评价法）通过量化事故发生的可能性（Likelihood，L），人员暴露于危险环境的频繁程度（Exposure，E），以及事故后果的严重程度（Consequence，C）这三个要素，将风险等级分为重大风险、较大风险、一般风险和低风险，为资源优化配置提供了决策依据。建筑施工现场，深基坑工程、高大模板支撑体系、大型起重吊装、脚手架工程往往会被认定为重大危险源，必须作为重中之重来管控。以某超高层建筑的深基坑工程为例，项目部在开工之前就请专家用有限元分析软件，对基坑的稳定性展开动态模拟，找出降水过程中不均匀沉降和周边管线变形这类最高等级的风险，并针对这些风险制定出加密监测、自动预警和专门应急预案等非常有针对性的管控办法，把风险牢牢锁住。

隐患排查治理和风险分级管控是安全预防的双保险，隐患排查治理侧重于对“物的不安全状态”和“人的不安全行为”进行动态、持续地审视和纠偏。传统的隐患排查往往是定期开展的安全大检查，难免存在死角和盲区，带有运动式的特征。构建“双重预防机制”，就要把隐患排查纳入日常工作中的每个环节，使其成为一种常态。发动全员参与，从项目经理到一线班组，每个人都是安全哨兵，利用岗位赋予的“火眼金睛”，去发现身边的安全隐患。近几年，信息技术的迅猛发展给隐患排查治理装上了智慧的翅膀，比如在塔式起重机上装上吊钩可视化系统、防碰撞系统和实时监控系统，管理者就能在办公室的计算机屏幕上清楚地看到设备运行情况，及时阻止违章指挥，超载作业等不安全行为。同样，采用 BIM 技术，可以把安全标准和危险源信息整合进三维模型，提前在施工策划阶段做虚拟排查，预知设计和施工过程中可能出现的安全矛盾，做到由“被动治理”到“主动预见”。

隐患排查治理能否取得最终的效果，取决于能否形成一个从发现到整改再到销号的闭环管理流程。在实践中最常见的问题就是“重排查、轻整改”或者整改措施是“头痛医头、脚痛医脚”，没有从根源上消除隐患产生的土壤。一个有效的治理体系，必须明确每一类隐患的整改责任人、整改时限以及整改标准，用内部通报、经济奖罚等方式来提高执行力。更重要的是，对于已经整改过的隐患，要对其效果进行评估并总结经验，分析其产生的根本原因，是技术上的问题、管理上的漏洞还是人员培训不到位的问题。比如某个项目遇到一起脚手架局部变形的隐患，处理完之后并没有就此作罢，而是由点及面，对全场的脚手架搭设方案、材料质量、验收程序等进行全面复盘，最终查出是分包单位对新规范的学习和执行不到位造成的，于是马上安排了专门的培训和考核。这种“打破砂锅问到底”的追根溯源式治理，既解决了眼前的隐患，又提高了整个项目团队的安全管理水平，真正做到从事故中吸取教训，在改进中向前迈进。

二、重大危险源的辨识与监控

（一）深基坑及高边坡工程的安全管控

深基坑与高边坡工程的风险，主要源于对原始地质环境的显著扰动，其稳定程度并不单纯依靠支撑架构本身，还被水文地质情况所左右。在城市核心区域做深基坑挖掘时，就好似在精巧仪器周围执行外科手术一般，任何细小的改变都会给附近的楼宇、地铁隧道或者地下管线带来损害。土壤的蠕变现象，由不均一的降水引发的渗流状况变更，加之附近施工荷载相互叠加，交织成一张复杂的力学网，失稳的原因不是唯一的，或许会是全面的滑动，局部区域的崩塌，坑底处的抬升，或是因为承载水位过高而出现的管涌状况。所以，施工前要进行详尽的地质勘探、水文观测，创建三维地质模型，预估地下水位变动趋势，这是风险管控的第一关卡。某个地铁换乘站基坑工程，由于前期勘探没有准确找到深处承压含水层位置，挖开之后突然出现大量涌水，尽管奋力抢救没有造成人员伤亡，但是引发的工期延误和经济损失极其惨重。

支护结构的设计及施工质量，乃至深基坑工程能否成功的关键在于从排桩、地下连续墙、土钉墙直至各种组合形式的支护体系，其选取都要经过对地质情况、开挖深度、周围环境的敏感程度以及施工可行性方面的综合考量。方案设计并不是单纯的力学运算，而必须包含大量工程上的理解，特别是如支撑或者锚杆怎样安排、换撑的先后次序怎么定夺、重要节点处如何构造等。施工期间的质量把控同样不允许出现半点大意，钻孔是否垂直、钢筋笼是怎么做出来的再放到哪里去、混凝土浇筑得怎么样、预应力锚杆又拉紧到什么程度，任何一个细节上的差池都有可能变成日后出现问题的地方。在某商业综合体项目上曾经出现过一起因支撑体系的对撑施加预应力不够、拆撑顺序错误而导致围护桩产生过大变形，造成周边道路开裂严重的事故。这个事故清楚地表明，即使是看上去很结实的支护体系，在一些不规范的施工行为面前也会变得脆弱不堪，过程控制的严密性是保证结构安全的基础。

把信息化监测技术与施工过程结合起来，做到“信息化施工”，这是现代深基坑和高边坡安全控制的发展方向。利用在围护结构、支撑体系、周边土体、建筑物上布置高精度的自动化监测仪器，如伺服总站、测斜仪、应力计、孔隙水压力计等，就能形成一个全天候、全方位的安全状况感知网络。这些仪器收集到的大量数据，会立刻传送到云端平台，通过专业的模型分析和处理，可以直观地显示结构的变形走向、受力情况以及稳定性的动态改变。当任何一个监测指标突破预先设定的警报数值之后，系统就会立刻给管理者发出警报，从而为采取紧急措施赢得时间，这便是依靠数据实时反馈调整的一种方式，使得施工决策不再只是依靠经验，而是具备了科学的依据。在某个跨江大桥桥塔基础的超深基坑施工中，就是凭借这么一套智能监测系统，及时对台风暴雨引发的坑内水位暴涨进行了预警和处理，从而规避了一起严重的工程风险。

（二）高大模板支撑及脚手架工程风险管控

高大模板支撑系统，通常指搭设高度超过 8m 或跨度超过 18m 的混凝土模板支撑工程，其本质上是一个临时的、高耸的、承受巨大荷载的格构体系。这种体系的固有风险在于其对初始缺陷的极端敏感性，一根立杆的微小垂直度偏差，或者一个扣件的轻微松动，在高荷载作用下都可能被急剧放大，最终引发多米诺骨牌式的连续性坍塌。其失效模式多种多样，既可能因单根立杆承载力不足或局部失稳而触发，也可能源于水平杆件的连接失效导致体系整体刚度不足，或者是因地基处理不当发生不均匀沉降。特别是在梁板交接、悬挑结构、荷载集中或者体型复杂的部位，应力分布极其繁杂，这是整个支撑系统中最脆弱的地方。某体育馆大跨度屋盖现浇混凝土施工时，因为施工单位未按要求设置支撑体系的水平剪刀撑，在混凝土浇筑过程中，支撑体系整体侧向失稳坍塌，后果非常严重，这表明高支模体系的整体稳定性设计和构造措施非常重要。

一份好的专项施工方案，是高支模和脚手架工程安全的技术灵魂，不是应付检查的文件，而是指导现场施工的精准图纸。这份方案最核心的价值就是计算的准确性和构造的针对性，计算部分要细致考虑各种荷载组合，包含模板、钢筋、新浇混凝土的重量，施工人员和设备的活荷载，振捣混凝土时产生的冲击荷载等，然后按照这些荷载对立杆、水平杆、扫地杆、剪刀撑等全部关键构件的强度和稳定度展开逐一验算。而构造部分则要通过图纸把杆件间距、杆件连接、剪刀撑布置范围及角度、与主体结构的可靠连接等表现出来，但在实际操作过程中，方案编制与执行不衔接的现象时有发生，照搬通用方案、计算参数取值随意、现场搭设与方案严重不符等问题层出不穷。所以要想堵住管理漏洞，防范技术风险，建立严格方案审批制度，尤其是采用第三方专家论证的方式，对重大危险性工程的方案实施独立审核，就成为一种有效的解决办法。

从材料进场到搭设，从入场使用再到拆除的全过程管控，是保证脚手架工程安全的闭环，风险无处不在：进场的钢管存在锈蚀、弯曲现象，扣件有裂纹、滑丝情况，搭设时立杆基础未夯实找平，扫地杆、剪刀撑被遗漏，连墙件设置数量不足或者连接不牢靠；在使用过程中，存在超设计荷载堆放物料、随意拆改架体等违章操作；拆除时，不按照自上而下、逐层拆除的原则，不设置警戒区域，极易发生高空坠物、架体意外坍塌。要应对这些难题，细致的管理手段不可或缺，采用二维码或者 RFID 射频识别技术，为每根钢管、每个扣件贴上独一无二的身份标签，就能追踪它们的质量状况、使用次数、检测记录等信息。搭设验收时，无人机从高空巡查，凭借高清画面和三维建模，迅速找出与方案不符合的搭设缺陷，从而使检查的效率和范围都得到了极大的提升。

第二节　建筑施工现场消防安全管理

一、施工现场火灾风险源辨识与评估

（一）重点防火区与火灾成因

建筑施工现场就像一个不断变化的工业城市，里面功能区域繁杂，物质能量堆积，火灾风险源分布广且有明显的阶段特征。材料仓库堆场特别突出，特别是保温材料、防水卷材、涂料等易燃品集中存放的地方，这些地方成为现场最大的火灾负荷单元，一旦着火，火势蔓延速度极快，很难扑灭。生活区内临时工棚，因为大量使用可燃夹芯板材修建，里面人多，生活用火用电杂乱无章，这是群死群伤火灾事故频发的区域。动火作业区，如焊接、切割的钢筋加工场、安装现场，持续产生高温火花，极易点燃周围可燃物。临时变配电房，复杂的临时电缆线路，各种施工机械的油料存放点，也是重点防火区域。这些地方的火灾危险性不是静态的，而是随着施工进程，如外墙保温材料大面积铺设时，或者内装修油漆作业高峰期，火灾风险会骤然上升，对动态风险识别与管控的要求非常高。

探究建筑施工现场火灾成因，就会发现主要是人的不安全行为、物的不安全状态和管理上的缺陷这三大方面，而且三者常常相互交叉，互为因果。从近些年的火灾事故统计数据分析来看，违章动火作业和临时用电不规范，始终是火灾的主要原因。很多作业人员缺少基本的消防安全常识，随便在禁火区域抽烟，乱扔烟头，或

者在没有经过动火审批、没有清除现场可燃物的情况下实施焊接切割，这就如同在火药桶旁边玩火。电气焊作业时，飞溅出来的焊渣温度可达到上千摄氏度，其引燃能力远超想象。临时用电方面，私拉乱接电线，使用不合格的电缆，一个插线板上连着好几个大功率电器之类的现象层出不穷，这些都是极易造成线路过载、短路而引发火灾的情况。物的方面，易燃建筑材料的违规使用存放、消防设施器材的缺失或失效、安全疏散通道被堵等，都为火灾的发生扩大提供了温床。某在建商业综合体发生的火灾，其直接原因就是一名工人在铺设防水卷材时，使用喷灯加热操作不当，引燃了下方的保温材料，而现场灭火器数量不足且工人不会使用，最后导致小火酿成大灾，该事故典型地暴露了行为、物件和管理的缺陷叠加。

面对施工现场复杂的火灾风险，传统的、依靠经验的定性评估方法已经捉襟见肘，引入更加科学、量化的风险评估技术成为必然。比如可以建立一套建筑工地火灾风险评估指标体系，包括易燃材料种类及数量、防火间距、垂直通道、疏散宽度、疏散出口数量、消防水源、灭火器配备、应急响应时间等，利用专家打分法或者层次分析法，可以算出不同区域、不同施工阶段的综合火灾风险指数，从而实现风险的量化排序。在此基础上，更为前沿的技术应用，如利用消防动态模拟软件（FDS）来针对特定的高风险区域，像大跨度钢结构厂房的喷涂作业，建立三维火灾模型，输入材料的热释放速率，现场的通风状况等参数，模拟火灾发生之后烟气的流动路线、温度的变化情况以及蔓延速度，从而直观地预估火灾的发展进程。这种可视化的模拟成果，既可为改进防火分区、设置排烟设施、规划疏散路线提供精确的技术支持，又可充当非常有说服力的培训手段，改善管理者对于火灾危害性的认识。

（二）临时用电与动火作业管理

建筑施工现场的临时用电系统是工程向前推进的“血液命脉”，却也是一根极易“引火烧身”的危险导线。因为其管理的难度在于，这是一条随着施工进展而不断延伸、变化和拆改的“活线”。要杜绝电气火灾发生，从系统的规划之初就要严格遵守技术规范，关键就是“三级配电、两级保护”。“三级配电”，即总配电箱、分配电箱、开关箱三级设置，逐级供电，保证了故障隔离；“两级保护”，即在总配电箱和开关箱中必须安装漏电保护器，这是防止触电伤亡和电气火灾的技术措施。从实施方面来说，所有的电缆选型都应按照用电设备的功率来计算，不能“小马拉大车”，线路敷设应穿管或者架空，不能拖地、碾压、浸水，各种配电箱要防雨、防尘、上锁，专人管理。有个项目，夜里浇筑混凝土的时候，一台振捣棒的电缆被钢筋磨破，开关箱里的漏电保护器刚好失灵，最后短路火花点燃了模板下的保温被，这个事故很惨痛地告诉人们，临时用电管理的任何一个环节出错，都可能成为火灾的引线。

动火作业直接产生明火、高温、火花，是施工现场最高级别的火灾危险源，要管控它，就要用最严格的程序化、标准化办法，它的核心管理制度就是“动火作业许可”，这是一种事前预防、事中监督、事后确认的闭环管理流程，任何动火作业之前，作业人员要先申请办证，交代清楚作业内容、地点、时间以及安全防范手段，项目安全管理部门或者更高层级的负责人要亲自前往现场，对作业环境实施风险评估，确认周边没有可燃物，有足够的灭火工具，作业人员具备相应资质之后，才能签字同意。作业的时候，一定要安排一个有经验的监护人员在旁边全程看守，随时准备应对意外状况。作业结束以后，作业人员和监护人员还要仔细查看现场，确保没有留下火种，最后在动火许可证上签字，才算真正结束了这个流程。这样的程序虽然看起来很麻烦，但实际上却是隔离风险、锁定责任的有效屏障。有些管理细致的项目，甚至把动火许可证分成了不同的等级，对于在油库、高压容器等特级危险地区动火，审批的权力会一直上收到公司级，以此显示其重要性。

技术的进步给传统的人盯人式动火作业管理赋予了新的力量，开发基于移动互联网的电子化动火作业审批系统。作业人员利用手机 APP 提交申请，系统会自动按照作业地点，推送该区域的风险等级、注意事项以及需要配备的消防器材清单，审批人员可以远程查看现场照片或者视频，执行线上审批，整个过程留有记录，可以随时追溯。而且在动火作业现场，可以使用热成像摄像机加以辅助，这种设备可以对作业点周围温度实施即时检测，一旦察觉到异常温升，或者火花飞溅到视线之外的地方，系统就会立刻发出声光警报，提醒监护人员留意，从而大大提升了风险识别的灵敏度和精确度。对一些大型复杂的项目，还可以借助 BIM，把每天的动火作业点在三维模型上进行标注和公示，让每个人都知道当天哪里有火，主动避让或者加强防范，实现信息共享的协同管理，人防加技防，动火作业的安全系数就又上了一个台阶。

二、消防设施的配置与维护管理

（一）临时消防给水系统及消火栓配置

临时消防给水系统是施工现场的生命水源，尤其是高层建筑施工，它肩负着把灭火用水送到着火点的重要使命。这个系统的设计要具备前瞻性，要有动态适应性，不能一劳永逸，必须跟随建筑主体结构的升高而同步敷设，同步加压。从设计开始就要准确计算出系统所需的流量和压力，要保证最高、最不利点的消火栓能够达到规范所要求的充实水柱。水源的可靠是系统的基础，一般首先选用市政给水管网，如果市政水源的压力或者流量不够，则必须要设置临时消防水池和稳压泵组，保证任何时候都有足够的水源。在北方寒冷地区冬季施工中，管道防冻保温是个硬仗，电伴热、岩棉包裹、定期放水检查，这是保证系统不被冻结瘫痪的必要举措。一个设计合理、施工到位的临时消防给水系统，是火灾发生时能有效控制火势、防止小火酿成大灾的硬件保障。

临时消火栓的布置看似简单，其实暗藏玄机，是精细化空间管理和可达性的体现，核心原则是“全覆盖、好拿取”。也就是说，建筑物每一层、每个防火分区，还有材料堆场、生活区等重点部位，都应设置足够数量的消火栓，保证消防水带能覆盖保护范围内任何一个角落，消火栓箱安装位置要明显、易找，正面不能被材料、设备或者临时设施挡住，箱门打开也应毫无阻碍。箱内配件如水带、水枪、接口等，必须是齐全完好的，水带与接口的连接要牢固。某高层住宅项目，施工单位为了图省事，把消火栓箱安装在核心筒内侧的狭窄空间，而且箱前还堆满了模板，有一次发生了初期火灾，工人花了好几分钟才把空间清理出来，水带接好，错过了最佳的灭火时机。这个案例很好地说明了，消火栓是否好用，不是“有”这么简单，而是“随时能用，方便快用”。

临时消防给水系统要一直处在“战备状态”，这就依靠一套严格而常态化的守护和检测制度，一定要清楚指定专门的部门或者人员，充当这个系统的“管家”，承担起日常巡视守护和维护保养的责任。巡视守护的时候，要检查水源是否足够，阀门是否打开得当，管道是否漏水，压力表的显示是否正常。更为关键的是，必须要定期开展全面的功能检测，对消防泵组执行启动检测，看能否按时启动并且达到预定的压力，对最不利点的消火栓执行试射，看它的水柱是否充实，射程是否够远。所有的检查与测试结果都要记录下来，形成可追查的管理档案。近些年来，有些先进的项目开始采用智能化消防给水管理系统，在管道的重要地方装上压力传感器和流量计，这样就可以远距离实时查看系统的运作情况，一旦出现压力不正常或者漏水的现象，系统就会自动发出警报，把以往那种定时“体检”的方式变成了全天候的“心电监护”，系统的可靠性得到了很大的提高。

（二）灭火器材的选型布局与日常巡检

灭火器选型配置的基本原则是“对症下药”，即根据现场可能发生的火灾类型，选用最合适的灭火剂。施工现场的火灾类型多种多样，其中 A 类火灾（固体物质）最多见，但是 B 类火灾（油类、易燃液体）、C 类火灾（气体）、E 类火灾（带电物体）也会时有发生，所以配电房、发电机房等电气设备较多的地方，一定要配备不导电的二氧化碳或干粉灭火器；而油漆、稀料等易燃液体存放和使用的地方，则要以泡沫或干粉灭火器为主。ABC 干粉灭火器因其通用性而被广泛使用，但是管理者必须知道，干粉灭火器并不是万能的，在精密仪器或者电子设备旁边使用干粉灭火器，残留物会对精密仪器或者电子设备造成二次伤害。所以一个专业的消防安全管理者在对灭火器进行配置的时候，就像医生给病人开药一样，要仔细地诊断每一个区域的“火灾病灶”，开出最合适的“灭火药方”。

灭火器的空间布局，是为了实现应急响应“黄金时间”的最大化，也就是要求任何人一旦发现火情，在最短的时间内，拿到最适合的灭火工具，这就要求灭火器的布置必须遵循“保护距离”“醒目易取”这两个原则。规范中对灭火器最大保护距离的规定，是根据一般人带着灭火器奔跑的速度和灭火器的有效喷射时间计算出来的，这是必须严格执行的。在实际布局时，应当把灭火器首先放置在疏散通道、安全出口、楼梯间等人员必经的地方，或者火灾风险最大的地方附近。灭火器摆放也有讲究，无论挂在墙上还是放在灭火器箱里或是直接放在地上，都不能阻碍人们安全撤离，而且要有明显的指示标志。用BIM技术来布置灭火器，这算是超前的做法，可以在三维模型里预先设定好灭火器的位置，然后做可视化的覆盖范围分析，还能检查是否能到达，这样就能保证灭火器布局既科学又合理，不用像在实体建筑里那样来回调整。

一套行之有效的日常巡检和保养制度是确保灭火器关键时刻能“拉得出、打得响”的根本，巡检必须是全员的、常态的，不能只是靠安全员的定期大检查。项目部要把灭火器巡检的责任网格化，分解到每个区域的施工班组或者管理人员，要求他们每天上班前和下班后，对所负责区域内的灭火器进行目视检查，重点看压力表指针是不是在绿色范围，铅封有没有损坏，喷嘴有没有堵住，箱体有没有生锈或者破损。同时建立“一器一档”电子台账，在每个灭火器上贴一个二维码，巡检人员用手机一扫就能记录检查时间、状态和检查人，后台自动形成报表并预警超期未检或状态异常的灭火器。对达到年限的灭火器，必须送有资质的单位维修再充装，做水压试验，保证筒体安全，杜绝过期、失效灭火器“带病上岗”。

（三）消防安全标志与应急疏散通道管理

消防安全标志系统是火灾等紧急情况下引导人们安全疏散、指示消防设施位置的“视觉语言”，它设计的科学性、维护的完好性直接决定着疏散是否成功。这个系统由疏散指示标志、消防设施标志、禁止标志和警告标志等组成，每个标志的图形、颜色和设置位置都有严格规定。疏散指示标志的主要功能就是在浓烟和混乱中，给人们一条清晰、连续、无歧义的逃生之路，所以这些标志必须设在疏散通道的地面、墙面或者顶部，特别是一些拐角、出口等关键节点，一定要保证在任何视线角度下都能轻易看到。要应对断电后的黑暗环境，这些标志就要用蓄光型自发光材料或者由应急照明系统供电，保证它在任何情况下都能起作用。一个完备的标志系统就像一位冷静又默默无闻的向导，在最危急的时候，引领生命走向安全。

应急疏散通道是建筑的“生命通道”，它是否畅通无阻是能否做到快速、安全疏散的前提条件。但在有些建筑施工现场，这条生命线经常遭遇“堵塞”的危险。因为场地狭小，工序交叉，有些施工单位为了方便，随意在楼梯间、走道、出口门厅等疏散通道上堆放建筑材料、模板、施工机具，甚至设置临时办公室、宿舍，这样就严重侵占了有效的疏散宽度，在火灾时成为致命的障碍物和新的火源。对于疏散通道的管理必须采取“零容忍”的态度。项目部要在施工组织设计里划定清楚并标识出主要的疏散通道，把它当作每日安全巡查的必要项目，创建起严格的问责制度，针对任何占据、堵住、封死疏散通道的行为，务必马上加以阻止并给予惩罚。某商业综合体项目推行的“疏散通道随手拍”活动，促使全体工作人员利用手机随时记录并上传通道被堵的情形，极大地拓宽了监管的覆盖面和时效性。

把动态管理与技术手段结合起来，这是改良消防标志以及疏散通道管理效能的有效方法，传统的管理大多依靠人工巡查，难免会存在疏漏或者不够及时。采用智能化的管理系统以后，就能做到更为主动、全面的监管，如在重要的疏散通道和安全出口处设置智能视频监控，凭借图像识别算法，系统能够自行识别通道内异常堆积的东西或者堵塞现象，马上向后台发出警报消息。针对消防安全标志，可以形成依托二维码的巡查守护体系，定时用扫描器去查看其完好状况、清洁程度以及发光表现，保证它一直处于良好状态。在应急预案的制定中，利用人员疏散模拟软件，输入建筑的布局、人员分布和不同火源点的位置，模拟各种火灾场景下的人员疏散情况，找出疏散路径上的瓶颈点和不合理之处，对疏散指示标志的设置和通道的设计进行优化，从而使应急疏散方案更加科学可靠。

第三节　建筑行业职业卫生健康管理

一、主要职业病危害因素的识别与控制

（一）粉尘与噪声危害及其防治

在现代建筑施工的复杂环境中，粉尘，特别是含有大量游离二氧化硅的矿物性粉尘，是威胁从业人员健康最直接也是最隐秘的杀手。当混凝土的切割、破碎、钻孔，石材的打磨等工作开始进行的时候，大量肉眼看不见的微细粉尘就会充斥在空气中，这些粉尘一旦被吸入人体内，就会在肺部沉积下来，导致肺组织纤维化，也就是肺尘埃沉着病。肺尘埃沉着病的潜伏期很长，早期没有明显的症状，一旦发病就会严重影响患者的呼吸功能，并且目前还没有特效的治疗方法。对粉尘危害的控制，必须贯彻“预防为主”的方针，采取多种手段综合治理，其中技术控制是根本，如大力推广湿法作业，切割、钻孔时喷水，是最有效的措施之一。对不能进行湿法作业的室内，要采用局部排风除尘系统，用集气罩将作业点的粉尘直接捕集并排至室外。这些源头控制措施的实施，才是降低作业场所粉尘浓度的根本保证。

与被粉尘无声无息的“偷袭”相比，现场的噪声却是一种可以直接刺激人的五官，并让人产生烦躁情绪的、实实在在的物理危害。各种大能耗的设备，如桩机、空压机、风镐、电锯等，在运行的过程中所产生的噪声往往比国家标准规定的噪声要大许多倍。长期在这种环境中工作，会使人的听觉器官受到潜移默化、不可逆的损伤，即噪声性耳聋。最初只是耳鸣或者听力暂时下降一点点而已，但是随着暴露

时间的持续，这种损害程度会一步步上升，直到严重影响到人的正常语言沟通能力为止。噪声的危害可不仅仅是对人听力方面产生的伤害，还可以引发心血管系统、神经系统方面的功能紊乱症状，出现血压升高、失眠多梦、注意力不集中等问题，这都会使人增加事故发生的概率。噪声控制也要坚持“源头、路径、接受者”三位一体的治理原则：在源头上，优先选用低噪声的先进设备和工艺；在路径上，可以采用设置隔声屏障、吸声墙板或者把产生较高噪声的设备相对集中起来等办法，来减弱噪声的传播；至于接受者一方，则要给工人佩戴适合的护耳器（比如耳塞、耳罩），并且严格控制他们在一个高噪声环境里持续工作的时长，这是最后也是不可或缺的保护措施。

要想达成对粉尘和噪声危害的管理目标，就要创建起一套以职业卫生监测和健康监护为主的体系。职业卫生监测就是利用专门的检测仪器，定时对作业场所空气里的粉尘浓度和设备噪声强度实施定量检测，然后把检测结果与国家职业卫生标准做比较，以此来客观地评判工作环境的危害水平。这种监测应该是动态的，包含各个施工阶段和作业岗位，监测的结果既是评判防护措施效果的依据，也是对施工单位进行监督和处罚的法律凭证。健康监护关注的是劳动者本身，企业必须对接触职业病危害因素的工人开展上岗前、在岗期间和离岗时的职业健康检查，通过这些体检，可以尽早发现职业相关健康问题。如早期肺功能损害或者听力阈移之类的状况，然后及时调离岗位，接受治疗，防止病情恶化，这种把环境监测和个体监护结合起来的管理方式，构筑了保障建筑工人职业健康的两道坚固“闸门”，让风险变得可知、可评和可控。

（二）有毒物质与物理危害及其防治

除粉尘和噪声之外，在建筑施工现场还隐藏着形态各异的有毒有害化学物质，这些有毒有害物质通过人的呼吸道、皮肤等方式进入人体，造成急性中毒或者慢性健康伤害。在建筑物表面的装饰装修阶段里，由于涂料、稀释剂以及胶黏剂内所挥发出来的一些苯、甲苯、二甲苯之类的有机溶剂，常常成为再生障碍性贫血、白血病等血液系统的重大危险因子；而在拆除老旧建筑、进行翻修改造的过程中，由于过去长期大量使用的一种叫作石棉的建筑材料，它的纤维非常细微，一旦被人体吸入，便很容易引发各种严重的病变情况，如石棉肺、肺癌以及间皮瘤等；另外一种常见的建筑工地安全隐患就是在进行焊接作业时产生出来的含有诸如锰、铬、镍等重金属元素成分的金属烟尘物质，如果经常接触这种污染源，就有可能会导致人体出现金属中毒的情况，或者患上焊工尘肺呼吸系统方面疾病的可能性增大。面对这些化学毒物，关键的防护措施就是“隔”与“排”：“隔”即佩戴适当的个体防护用品，如针对有机蒸气的活性炭防毒面具、防化学渗透手套以及防护服，以阻止毒物与人体直接接触；“排”则涉及提升作业场所的通风换气强度，特别对于地下室、管道等密闭空间作业时，务必采用强制性机械通风手段，保证有毒气体浓度持续低于安全限值。

物理性危害因素在建筑行业里也广泛存在，种类多样，对人体的影响也不一样。手传振动就是一种典型的危害因素，长期使用风镐、风钻之类的高频振动工具的工人，他们的手部、臂部的血管、神经、骨关节系统都会遭受损伤，出现“手臂振动病”，手指发白，麻木，疼痛。高温高湿环境下工作，特别是在夏天的露天或者通风条件差的室内，很容易造成工人中暑，严重时甚至威胁生命。到了冬天，低温就有可能引发冻伤或者体温过低。而且像电焊弧光中的紫外线、红外线，会灼伤眼睛和皮肤；电离辐射不常见，但一些特殊的检测项目，如无损探伤就可能有。针对这些物理性危害，防护措施要具体化、情境化，给振动工具加减振手柄，给工人发防振手套；在高温天气，改变工作时间，避开最热的时候，保证清凉饮料和休息的地方充足；进行电焊的时候，戴上带有滤光片的焊接面罩，保护眼睛免受弧光伤害。

要想使工人完全认识并正确防护各种职业病危害，信息传递和技能培训是必不可少的关键环节。在这方面，化学品安全技术说明书（MSDS）起着关键的作用，它采用标准化格式，全面罗列了某种化学品的危险特性、安全操作规程、急救措施以及泄漏应急处理等 16 项主要信息，这相当于使用者知晓并控制化学品风险的“说明书”。项目管理者必须保证每种进场的危险化学品都有 MSDS，并且要将其中的内容用通俗易懂的方式对工人开展培训和交底工作，务必让工人做到“知其然”又“知其所以然”。而且对个体防护用品（PPE），不是发下去就算了，而是要建立一套从选型、培训、佩戴检查、维护更换的全过程管理体系。要教会工人如何根据不同的危害选择合适的 PPE，如何正确佩戴才能保证防护效果，如何判断是否需要更换。把防护知识变成工人的行动习惯，是筑起工人健康防线的最后一道也是最重要的一道屏障。

二、职业健康监护与档案管理

（一）职业健康检查的组织与实施

职业健康检查是法律赋予劳动者的权利，也是用人单位的法定义务，它充当着作业环境与个体健康之间的纽带。该检查体由上岗前、工作期间、离职时以及紧急状况下的健康检查四大部分组成，各自有着不同的功能。上岗前体检的主要目的就是“职业禁忌症”筛查，找出那些因为个人特殊体质而不适合做某些有害作业的员工，这是职业病防范的第一道防线，免得把敏感体质的人推向险境。在岗期间的定期体检就像一部移动的“健康雷达”，其目的在于及早觉察由职业因素引发的健康异常情况，抓住职业病的蛛丝马迹，做到早发觉、早诊治，防止健康损害继续恶化。离岗时体检是针对劳动者一生健康状况的最终评价，它为确定责任归属和保护劳动者远期健康权益提供了重要依据。应急健康检查，是指在出现急性职业中毒或者重大泄漏事故之后，对有关人员展开的紧急医学检查，其目的在于迅速判定事故给人体健康带来的即时影响。

在建筑行业中，职业健康检查的有效组织面临诸多挑战。这与行业内用工模式的高度灵活性及劳动者的频繁流动密切相关。很多建筑工人不是与总包单位形成长久的劳动关系，而是用劳务分包或者班组承包的形式，经常在不同的项目之间流动，这就导致了怎样连续地开展健康检查、谁来负责组织检查、费用该由谁承担等问题。一个工人在好几个项目里都接触粉尘，他的健康档案到底该由谁来建、由谁来进行检查，费用该由谁来付，这些问题在现实中都没有答案。要破解这个难题，需要行业主管部门、行业协会以及龙头企业一起上阵，去寻找创建一种跨项目、跨企业的建筑工人职业健康信息平台的办法，为每个工人创建一份独一无二的、可以随身携带的电子健康档案，里面记载了他在全部从业项目里的职业接触情况以及体检结果，这样一来就能做到健康信息的连续追踪，不管工人走到哪里，他的健康状况总能得到持续的关注与管理。

职业健康检查的最终价值在于检查结果的有效告知、妥善处理和后续干预。体检机构做出的报告，用人单位必须书面、如实告知劳动者本人，这是保障劳动者知情权的最低要求。对于体检中发现的职业禁忌证患者，必须将其调离原职业有害因素岗位；对于出现职业相关健康损害或疑似职业病的职工，企业必须安排其接受进一步的医学诊断，在此期间不得以任何理由与其解除或终止劳动合同。而且体检结果还是评判用人单位职业病防范手段成效的关键参照，如果在岗期间体检显示某个工种或区域的工人普遍存在某种健康指标的异常状况，这就成为一个很明显的警告标志，意味着这个地方的职业病防范措施有着严重的漏洞，必须要马上去现场检查并且全面加以修正。把个人健康的数据和集体风险的评估联系起来，这样就使得职业健康检查不再是仅仅针对一个人的诊治过程，而是变成了推动整个工作环境改善的强大力量。

（二）职业健康监护档案的建立及应用

职业健康监护档案是劳动者职业生涯中的一份“健康履历”，档案内容是否全面、真实、连续，是其发挥作用的前提。职业健康监护档案远不是几张体检报告的简单拼凑，而应是一个动态更新的信息库。档案的核心内容应包括三大部分：一是劳动者的个人基本信息和详细的职业史，记录劳动者从参加工作以来所从事过的所有工种、工作单位、起止时间，为评价劳动者职业病危害的累积暴露提供基础；二是职业病危害接触史，记录劳动者在不同岗位所接触的职业病危害因素种类、接触浓度或强度、接触时间和使用个人防护用品的情况；三是劳动者历次的职业健康检查结果，也就是从入职到离职劳动者所有的体检报告、实验室检查结果、医学影像学检查资料、最后的诊断结论。一个管理规范的企业，应该从劳动者上岗的第一天开始，就为他们建立一份“一人一档”的终身健康档案。

由于职业健康监护档案里包含很多涉及个人隐私的敏感医疗信息，因此对于这些档案进行严格而规范的管理，保证安全性，是用人单位无法推卸的法律责任和道德责任。这些档案应该由企业指定的专门机构或者职业卫生专业的人员来统一保管，并且要制定严格的借阅、复印及使用登记制度，除了劳动者自己、监管部门执法人员以及那些从事职业病诊断的医疗机构等依照法律规定被允许查阅之外，其余任何单位和个人都不可以随意查阅。随着信息化技术的发展，创建电子化的职业健康档案管理系统已经成为一种趋势，但是这也对数据的安全性提出了更高的要求。系统要有完备的权限管理功能，针对不同级别的用户给予不一样的访问及操作权限，而且要对所有的操作行为留下可追踪的日志记录，数据的存储和传输务必执行加密操作，从而防止黑客入侵及信息外泄的风险。对这些档案的长久保存也十分关键，其保存时间往往要延续到劳动者离职后的几十年，这是为了应对那些潜伏期很长的职业病。

职业健康监护档案的应用价值超越了保障个体权益的范围，成了企业乃至整个行业开展职业卫生风险评判与科学决策的珍贵数据来源，通过对海量档案数据实施匿名的、群体性的统计学分析，能够发现很多深层次的规律。企业可以剖析各个工种、各种防护措施之下职业健康异常出现率的不同之处，从而精准找出最危险的岗位，客观地评判当前防护措施的有效程度，从而为改良资源调配和改良防护技术提供数据支撑。行业监管部门和科研机构，也可以用这些大数据做职业病流行病学调查，了解本地区、本行业职业病的发病趋势和分布情况，从而为制定更科学的职业卫生政策和标准提供参考。

第十章

建设工程项目综合管理

第一节　建设工程项目信息管理

第二节　建筑工程项目资源管理

第三节　建筑工程项目收尾管理

第一节　建设工程项目信息管理

一、建设工程项目信息的战略内涵与价值维度

（一）信息确立为关键生产要素的地位

在现代建筑工程中，信息早已不是传统的辅助工具，而是一种与资本、劳动力、材料以及技术并驾齐驱的关键生产要素。信息的战略价值表现在它对项目决策质量的决定性作用。一份优质的决策方案，不管是有关于设计方案的改良、施工工艺的挑选，还是供应链伙伴的甄别，都是由于对全面、准确、及时的信息的深刻洞察和把握，信息的缺失、迟滞或者歪曲往往是引发项目成本超出预算、工期延误甚至质量瑕疵的隐形祸根。信息流动效率直接影响项目组织的协同效率，若信息可在不同专业、不同参建方间无障碍、无衰减地流动，则整个项目团队就像一个反应灵敏的有机体，能迅速对内外环境变化及内部问题作出响应，极大提升整体运作效能。这种把信息内化为生产力的认知变革，正是项目管理由经验驱动转向数据驱动、由被动应对转向主动预见的根本动力。

把信息放在生产要素的高度上，也就意味着要对它进行系统的管理与投资，这不仅仅体现在对信息技术硬件和软件的投入，更重要的是要建立一整套关于信息资本化的运作体系，即对信息资产予以识别、评价、计量，并将其纳入项目的资产负债表中去。在项目进程中所产生的大量数据资料，如地质勘察数据、BIM 数据、施工日志、物料检测报告、成本核算报表等，不再是孤立的记录，而是能够被发掘出来，加以分析利用，从而创造出新的价值的“矿藏”。一个具体场景就是在上海“枢纽”超高层综合体项目中，通过对历史天气数据和现场施工进度数据的关联性分析，项目团队成功构建了天气影响下的工效预测模型，可以提前一周精准预测台风、暴雨等恶劣天气造成的工期损失，然后动态调整施工计划，把非有效工作时间压缩到最低，仅这一项就为项目节省了近千万元的窝工费和赶工费。

信息的要素化还表现在它能激发创新能力，当设计、施工、运维这些不同环节的信息可以被有效融会贯通时，创新能力就被充分释放出来。建筑师可以根据详细的场地微气候模拟数据，设计出更节能环保的建筑表皮系统；结构工程师可以凭借施工期间传感器回馈的混凝土应力应变数据，对既有的设计模型展开校核修正，从而为日后的项目提供更为精准的计算参照；设备工程师通过剖析设备运作的能耗数据，可以找出节能改良之处。这种基于数据闭环的不断革新，使工程项目不再是一锤子买卖，而成为一个不断学习、升级、发展的知识创造过程。信息的价值链被拉得无止境，从项目本身延伸到企业的知识库，再反馈到未来的市场竞争力，最后形成一种难以复制的优势。信息的战略意义，归根到底，在于它为项目管理提供了穿透复杂、驾驭未知的智慧和力量。

（二）信息全生命周期管理：理念与实践探索

建设工程项目信息的价值实现，很大程度上取决于对信息全生命周期的系统化管理，这种观念促使人们把信息当作一条从项目萌芽到规划、设计、采购、施工、调试、移交再到最后的运营维护乃至拆除的完整价值链来看待。每个阶段既是前一个阶段信息的消费者，也是下一个阶段信息的生产者，信息的连续性和一致性成为保证项目目标顺畅传递并实现的重要纽带，如果在设计阶段生成的 BIM 数据不能被施工阶段的预算、计划以及现场管理软件无障碍地读取与应用，那么 BIM 的价值就会大打折扣。同样，施工阶段产生的竣工信息，如果不能准确、完整地转化为运维阶段的数字资产，那么智慧运维、预测性维护等高级应用就只能成为无源之水、无本之木。建立跨阶段的信息传递标准和交接规程，保证数据在不同格式、不同平台之间自由流动，是全生命周期管理的关键技术难点。

信息全生命周期管理需要从项目初期就建立完善的顶层设计，确保覆盖信息产生的全流程。在项目的各个里程碑时刻（milestone），由谁（who）、什么时候（when）、以什么格式（what format）、提交什么信息（what information）、提交信息的精度和深度要求（level of detail/development，LOD）。这就像是给项目信息的生产与消费制定了一部“基本法”，所有的参与者都要遵守。以北京大兴国际机场项目为例，它那巨大的异形曲面屋顶结构，从设计到施工的每个环节都充满挑战。项目管理团队一开始就把 BIM 当作唯一信息源，所有深化设计、构件加工、现场安装的数据都要从中央模型里来，再传回去，形成设计 - 制造 - 安装一体化的数字闭环。这种严格的信息交接和核验机制，让数万件独一无二的钢构件像精密仪器一样在现场拼合，创造了工程界的奇迹。

全生命周期管理的深化应用，正朝着数字孪生（digital twin）的方向发展。数字孪生不是项目建成后一个静态的三维模型，而是与实体建筑实时同步、动态交互的虚拟映射。在实体建筑中部署大量物联网（IoT）传感器，采集温度、湿度、能耗、人流、设备运行状态等实时数据，不断输送给虚拟模型，管理者就能在虚拟空间中对实体建筑“健康状况”进行监控、诊断、分析、预测。某台空调机组发出故障预警的时候，运维人员在数字孪生模型里马上就能找到它的确切位置，查阅它的历史维修记录、备品备件型号，还能模拟替换过程，从而做到运维决策最优化、效率最大化。这种把信息生命周期从创建时期一直延续到运行时期的终极形态，真正做到了“建营一体化”，使建筑资产在几十年乃至上百年使用期间的综合价值得到最大发挥。

（三）信息孤岛的成因及其对项目的损害

虽然信息管理的理念已经深入人心，但是工程中信息孤岛的现象依然是阻碍项目成功的一般性问题。信息孤岛的本质是信息在组织内部或项目各参建方之间人为或者技术性地被分割、阻塞，无法实现有效的共享和协同。其产生的原因非常复杂，技术层面的软件不兼容、数据标准不统一是显而易见的原因。一个建筑设计院所用的 BIM 软件可能与钢结构深化设计单位、机电安装单位的软件平台存在数据壁垒，使得模型信息的传递需要反复进行格式转换，每次转换都可能造成信息的丢失或失真。

组织与流程方面的壁垒是信息孤岛产生的更深层缘由，传统工程项目组织架构通常是依照专业分工而来的线性结构，设计、采购、施工等环节之间有着明显分界线，各个部门或参建方习惯于只关注自己负责部分的信息，缺乏主动分享信息的意识和动力。合同条款的设置也可能加大这种隔阂感，有的合同没有明确信息共享的责任与义务，甚至出于商业保密或者责任规避的目的，有意无意地限制了信息开放的程度。这种靠部门墙、合同墙形成的组织壁垒，造成信息流穿行这些边界的阻力极大，重要信息传递延迟、失真现象就随之而来，就像一个神经网络的突触连接出现问题，整个系统的反应速度和智能水平都会被拖慢很多。

信息孤岛对于项目的侵蚀是全方位的，它导致出现了大量的重复工作和资源浪费。当施工单位不能直接使用设计单位的三维模型进行碰撞和管线综合时，就不得不在二维图纸的基础上自己重新建模，浪费了大量的时间和人力。当现场变更出现后，信息没有同步给所有的参与者，可能材料供应商依旧根据旧图纸下单采购，从而造成无法挽回的经济损失。更严重的是信息孤岛是滋生错误与风险的温床。一个典型的事例就是某地铁换乘枢纽项目，因为暖通专业和结构专业之间设计信息没有协同好，造成了一根很重要的通风管道和一根承重梁的设计发生了严重的碰撞，直至现场施工的时候才被发现。为了协调这个问题，不得不对部分结构进行返工，直接损失了几百万元，而且导致这个关键工期拖延了将近两个月，这带来的连锁反应导致了整个项目后面的工作全部要重新调整。

二、建设工程项目信息管理的核心技术与平台

（一）BIM 作为信息集成平台

BIM 已经从一个单纯的三维可视化工具，升级为工程项目全生命周期内信息集成与管理的载体。它最根本的价值不是模型的“形”，而是模型的“信”。一个完整的 BIM，除了包含建筑构件的几何形状、尺寸、空间位置等物理信息外，还包含材料性能、供应商信息、造价、施工顺序、维护周期等非几何信息，BIM 就是一个内容丰富、面向对象的项目数据库。项目的所有信息都能附着到对应的模型构件上，这样就改变了过去那些信息以二维图纸、表格、文档等形式离散存储的碎片化情况，使信息变成了结构化、关联化、可视化的信息。项目管理者如果想知道某一面幕墙的技术参数，就不用在一堆图纸和文件里翻找，只需要在模型上轻轻一点，所有相关信息就会立刻呈现在眼前。

BIM起到信息集成平台的作用，主要体现在它具有很强的协同性。在设计阶段，建筑、结构、机电这些不同专业的设计师能在同一个BIM平台上开展协同工作，及时觉察并解决因专业协调不够而导致的碰撞问题。一些数据表明，借助BIM的碰撞检查，可以预先找出并解决超过90%的管线碰撞问题，从而免除施工阶段的返工和更改。在施工阶段，BIM可以与施工进度计划结合，产生4D模拟，可以清楚地看到建筑物的“生长过程”，从而帮助项目团队改良施工方案，规划场地布置，针对重点工序实施可视化交底。把成本信息与BIM联系起来，就形成了5D应用，可以做到凭借模型来完成工程量的自动核算并实施动态的成本把控，这样就把过去那种“盲人摸象”的状况变成了“运筹帷幄”。

BIM技术的深度应用，还在不断拓宽它充当信息载体的边界，与物联网、云计算、人工智能等新技术融合以后，BIM变得越发智能。在智慧工地这个场景里，现场施工人员的安全帽、关键设备、预制构件等都能植入芯片或传感器，它们的位置、状态信息会被即时搜集起来，然后映射到BIM模型上，就形成了一个动态的工地数字孪生体。管理者借助这个孪生体，可以远端把控施工进程、人员安全状况、资源运用等，做到对现场的细致化管理。运维阶段，BIM模型是数字资产的核心，它与运维管理系统深度融合，可以实现空间管理、设备维护、应急预案模拟等高级应用。可以说，BIM已经成为项目数字化转型的“操作系统”，为各种智能化管理应用的承载和运行提供了坚实的基础平台。

（二）通用数据环境（CDE）创建单一信息源

通用数据环境（common data environment，CDE）是实现项目信息有效管理与协同的“基础设施”，它倡导给所有项目参建方提供一个统一的、集中式的信息存储、共享和协作环境，以消除信息孤岛，建立“单一信息源”（single source of truth）。在这个环境中，所有的项目相关文件、数据、模型，包括设计图纸、合同文件、会议纪要、BIM等，都将按照事先制定的标准和流程进行创建、审批、发布和归档。任何信息的更新，在CDE里都有对应的版本记录和修改痕迹，保证了每个人在任何一个时间点得到的都是最新的、最正确的信息，这样就杜绝了因为使用过时的图纸或错误的数据导致返工浪费的混乱局面。

CDE的构建不能仅仅理解成一个简单的网络文件服务器部署，它是一个包含技术、流程和管理的综合体。一个成熟的CDE平台必然要以云技术为基础，具有非常精细化的权限管理，根据不同用户的角色、职责，给予他们对不同信息的访问权、编辑权和审批权，保证了信息的安全可控。它还要有非常完善的符合项目管理逻辑的工作流引擎，将信息的流转与项目的信息流转、项目的审批、项目的变更、项目的质量检查等紧密结合起来。当一份设计图纸需要审批的时候，系统就会自动地把这份设计图纸推送给相应的审批人，并且每一个审批环节都会记录下这个审批环节的意见及时间。这种流程的线上化及自动化，大大提高了协同工作的效率与规范性，也为后续的责任追究留下了非常明确的记录。

在实际项目中，CDE 是否成功，关键在于“通用”二字能否真正落实。必须从项目开始时，由业主或者项目牵头人，统一制定数据标准、命名规则、文件夹结构、工作流程，然后强制所有参建方执行，否则无法想象。比如一个大型轨道交通项目，涉及专业上百个，参建单位上千个，如果没有一个强大的 CDE 作为信息中转站，信息的传递和协调将是灾难。项目指挥部搭建起统一的 CDE 平台，对所有进场单位进行强制性的培训和交底，保证从勘察设计到施工安装再到系统联调，每一个环节产生的数据都能在这个平台上有序流转、协同工作。CDE 就像项目的“中央神经系统”，把散落在各处的“神经元”（参建方）紧密联系起来，使整个庞大项目组织成为一个协调统一的整体，高效运转。

（三）物联网与数字孪生技术的前沿应用探索

物联网技术在建设工程中的运用，为项目信息管理开拓了崭新的方向，它把管理的触角从虚拟的数字世界延伸到真实的物理世界，从而对施工现场“人、机、料、法、环”这些关键要素做到即时感知并采集数据。在塔吊上安装吊钩可视化系统和防碰撞传感器，就能即时把控吊装作业的安全状况，防止出现安全事故。给工人戴上带有定位芯片和生命体征监测功能的智能安全帽，就可以随时知道他们身处工地的哪个地方，一旦工人踏入危险地带或者发生意外情况，就会立刻发出警报。把无线温度、湿度传感器埋进混凝土结构里，就能做到对混凝土养护质量的持续监督，保证结构的安全性。这些来自物理世界的、活生生的即时数据，让项目的信息内涵变得越发丰富，使管理决策的依据不再是事后统计出来的报表分析，而是变成了一种事中的即时洞察。

数字孪生（digital twin）技术是物联网应用的升华和集大成者，以 BIM 作为基础框架，结合物联网采集的实时数据、项目进度数据、项目成本数据以及各类模拟分析模型，在虚拟空间中搭建一个与物理工地或者实体建筑完全对应的、可以同步运行的数字化镜像，这个镜像不仅可以“看”，反映物理世界当下的状态，更重要的是可以“算”“控”，具备模拟、预测、优化的功能。在施工阶段，项目管理者利用数字孪生平台，针对不同的施工方案做虚拟推演，预估它大概会对进度、成本和安全产生什么样的影响，进而选出最佳的施工方案。倘若现场出现突发状况，像基坑出现异常沉降，平台就能立刻把有关的监测数据汇集起来，迅速分析出原因，并且模拟多种不同的应急举措会产生怎样的效果，从而给指挥决策提供科学支撑。

数字孪生在项目信息管理中的前沿价值，体现为它开启的预测性管理新范式，传统项目管理大多属于被动型的，问题出现才去处理，数字孪生的管理则能做到主动预见，防患于未然，数字孪生系统经过对历史数据和实时数据的深度学习，能形成各种预测模型，比如它可依照大型机械设备的运行参数如振动、温度、油耗等，来预测设备出现故障的可能性，从而提前安排维护保养，防止因为设备停机造成工期延误。它还可以结合天气预报、现场人流密度和施工任务，动态预估未来 24h 每个作业区域的安全风险等级，并向管理人员发出预警，从“亡羊补牢”到“未雨绸缪”，这是项目管理智能化水平的一次质的飞跃，也是未来工程信息管理发展的必然趋势。

第二节　建筑工程项目资源管理

一、项目人力资源的动态配置与管理

（一）基于胜任力模型的团队建设研究

现代大型建筑工程项目的复杂性和动态性，对项目团队的专业构成和综合能力的要求，传统的依靠岗位说明书和过往履历进行人员招募的方式已经无法满足这种需求，取而代之的是基于胜任力模型的团队构建方式。胜任力模型的核心理念，是从“人岗匹配”发展到“人与战略任务匹配”，它不仅注重个人掌握的知识和技能这些“冰山之上”的显性能力，还进一步挖掘其价值观、自我认知、内在驱动等“冰山之下”的隐性特质。项目刚开始时，管理层要凭借项目的战略目的、技术特性、合同形式以及风险分布情况，准确找出促使项目成功的必要胜任力要素，这些要素或许包含处理复杂问题的能力，跨越不同文化沟通的能力、预估风险的能力、革新想法及强大的承受压力的能力等。

胜任力模型建成之后，它就成为项目人力资源配置的“标杆”和“罗盘”。在构建团队期间，采用结构化行为事件访谈（BEI）、情景模拟、测评中心等科学方式，对候选人各方面的胜任力展开细致评判，进而选出那些与项目需求高度契合的核心骨干成员。典型一例是某海外总承包项目，由于项目所在之处文化差异极大，而且社区关系非常复杂，项目管理公司在挑选项目经理的时候，除了看其专业技术能力及项目管理经验之外，还特意安排了跨文化冲突应对的情景模拟环节，最后选中的那个人，不但业务能力强，而且很有同理心，沟通智慧也很高。这个项目经理后来在处理与当地部落的关系上起到了关键作用，为项目的推进扫清了很大的障碍。胜任力模型的价值贯穿于团队管理的全过程，它不只是用来“选人”，更是用来“育人”“用人”。团队组建完毕后，可以根据胜任力模型来判断当前团队成员的能力状况，找出他们能力上的不足之处，进而制定出符合个人特点的发展计划及团队培训方案。在项目执行过程中，当遇到新的挑战或者任务有所调整时，管理者能够参照胜任力模型，灵活地调整人员分工，把那些拥有相应优势能力的人安排到最适合发挥他们作用的岗位上。这种基于能力的动态调配方式，保证了项目团队一直保持着应对复杂环境的最佳“阵型”，并且为团队成员个人的成长与职业发展提供了明确的方向，从而激发了整个团队内部的活力和战斗力。

（二）绩效管理与激励机制设计

一套科学有效的绩效管理与激励机制，是调动项目团队成员潜能、保证项目目标达成的“发动机”与“指挥棒”。项目绩效管理体系的设计，必须围绕项目关键成功因素（key success factors，KSFs）展开，把宏观的项目目标，诸如成本、进度、品质、安全，逐级拆解成具体且可量化的关键绩效指标（key performance indicators，KPIs），分配到相应的团队与个人。这种分解过程要符合SMART原则，也就是要具体化（specific）、可衡量（measurable）、可达成（achievable）、相关性（relevance）、时限性（time-bound）。比如，对一个项目工程师来说，他的KPI可能是他所负责区域的设计变更解决率、图纸会审问题关闭及时率、现场质量检查合格率等，这些具体化的指标让工作目标更清晰，行为方向也更明确。

绩效管理的重点在于过程的把控、反馈及辅导，而不是年终结算。项目管理者要与团队成员形成起常规化的绩效交流机制，定时回顾KPI的达成状况，一同探究目标达成过程中遇到的难题和阻碍，给予必要的资源支撑和引导，如此一来，绩效管理就不再是冰冷的考核工具，而是变成推动员工成长的赋能过程。在一个推行精益建造的预制装配式建筑项目当中，项目部给每个施工班组设定了有关构件安装速度和现场废品率的KPI，而且每天更新公布“龙虎榜”。项目经理、总工程师每天都会找倒数班组沟通，帮他们找原因，这种即时的反馈和辅导，极大地调动了班组的积极性和创造性。

激励机制设计是绩效管理的“临门一脚”，其好坏直接决定了绩效管理的成败。激励必须及时、有力、与绩效结果紧密挂钩。物质激励是基础，包括与KPI完成度挂钩的绩效奖金、针对关键节点目标的专项奖励、节省成本的超额利润分享等。但是，单纯物质激励效果有限，必须与非物质激励相结合。非物质激励包括对优秀员工的公开表扬、授予荣誉称号、分配更具挑战性的工作、创造更多学习和发展的机会等。在一个技术攻关项目中，对攻克了重大技术难关的团队，除了给予丰厚的奖金外，公司还以该团队的核心成员名字来命名这项技术创新，并召开全公司范围的技术推广大会。这种精神上的认可和尊重所激发出来的动力，有时候比金钱更加强烈、持久。

（三）冲突管理与团队文化建设

在工期紧、压力大、多方协作的建筑工程项目里，冲突的发生几乎不可避免，冲突可能来自不同专业间技术观点上的分歧、业主和承包商之间的合同利益博弈、不同分包单位之间的资源争夺，或者是团队成员之间个性、工作风格上的差异。有效的冲突管理，其目的并不是要消灭冲突，因为适度的、建设性的冲突能够帮助暴露问题、促进创新，关键是要形成一种机制，把那些破坏性的、恶性的冲突变成建设性的、促进问题解决的动力。项目管理者需要扮演一个公正的“调解人”，引导冲突各方从“对人”的立场上攻击，转变为“对事”的问题讨论，通过开放式沟通，让冲突各方尽情地表达自己的担心和诉求。

解决冲突的手段应该多种多样、因势而谋。对一些技术方面的分歧可以通过请独立的第三方专家裁判、建立实物模型进行模拟试验、用事实和数据说话来解决；对于利益分割的冲突一定要回到合同条文中去，以契约意识为核心，通过各方谈判、磋商，找到一条“共赢”的途径。在深圳前海一处大型综合开发项目中，有几家施工单位挤在一处小场地同时作业，施工用水、用电、修路等问题天天打摩擦战，导致整个工程进展非常迟缓。项目总包管理方并没有简单处罚或者强制命令，而是牵头组织了一个由各个单位项目经理参加的“现场协同作战室”，每天早上开晨会一起商量、确定接下来 24h 内的资源使用计划，并把计划用醒目的图表形式展示出来，将冲突管理提前到协同规划，成功化解了矛盾，把“竞争”变成了“竞合”。

冲突管理达到最顶尖的层次，就是打造一种积极向上、开放的团队文化，“共同的目标”与“相互尊重”构成了这个文化的灵魂。项目领导者要采用各种方法，不断地向全体参与人员彰显整个项目的总体景象与共同利益，促使大家明白彼此是“一损俱损、一荣俱荣”的命运共同体，也要积极倡导专门的从业精神，提倡不同背景、不同领域的成员互相学习，形成一种“针对事而非针对人”的健康作业环境。通过组织团队塑造活动、成立跨专业的问题攻克小队、创建非正式交流渠道等手段，加深各成员间的认识和信赖程度。如果整个团队内部形成较强的向心力和互信根基，那么即使出现了问题，大家也会更多地采用合作的方式去处理这些问题，而不会一味地责备或对抗。

二、项目物资与设备资源的优化配置

（一）精益建造与准时化供应策略

精益建造理念源自制造业的精益生产思想，其主旨是通过剔除项目全过程中的一切浪费来达成价值最大化。就物资资源管理而言，最大的浪费便是库存，过量的现场库存既耗费了宝贵的场地资源和资金，又加大了材料的损耗、被盗以及二次搬运的成本，准时化（just-in-time，JIT）供应便是应对这个问题的有效武器。JIT 的中心思想是在必要之时，按必要数量，把必要物资，准确无误地送到必要之处，这就促使项目物资管理从传统的“大批量，先进场，再分配”这种粗放模式，转向一种依靠精确施工计划的、拉动式的、小批量的、多频次的精细供应模式。

要想达成 JIT 供应，就要对项目的供应链展开深度整合和协同，项目管理方要与材料供应商和物流服务商形成紧密的战略伙伴关系，把他们当作项目团队的延续，而不是简单的买卖关系，这需要通过信息系统的对接，把项目的施工进度计划和材料需求计划及时地分享给供应链上游，供应商就能预先安排生产，备好货，物流服务商也能改进运输线路和配送方案。在大型装配式住宅项目里，项目部同 PC 构件厂、整体卫浴供应商及物流公司一起创建了一个协同信息平台，当现场某个楼层的安装计划敲定以后，平台就会自动向PC构件厂和整体卫浴厂发出生产及发货指令，指令中包含构件的具体型号、数量及要求到场的时间，物流公司利用GPS系统全程追踪运输车辆，保证构件能像“快递”一样按时送到吊装点。

JIT供应模式的推进，对项目现场的管理能力要求更高，现场必须具备快速卸货、短时存放、高效分拣的能力，以适应高频次到货节奏。施工计划的稳定性和可靠性也极为重要，因为任何计划的临时改变都会打乱整个供应链的节奏，造成材料不能按时供应或运抵后不能马上使用，形成新的浪费。所以JIT供应成功，离不开先进的施工计划技术，比如最后计划者系统（last planner system，LPS）。让最了解现场情况的一线施工班组参与周计划和日计划的制订，可以使计划具有可执行性，为JIT供应的顺利实施提供了坚实保障。

（二）供应链整合与供应商关系优化管理

如今在全球化与专业化分工的情况下，任何大型建筑工程都不是一个企业独自完成的，而是一条巨大、复杂的供应链，从材料供应商到设备出租商、设计咨询公司、物流企业等，供应链整体的效率与可靠性直接关系到项目的成败——成本、进度与质量，所以对项目资源整合管理也需要突破企业边界的束缚，延伸至整个供应链。整合供应链的目标是突破供应链上各个节点企业间的壁垒，通过优化过程、共享信息以及利益协同，从而提高整个链条的应对速度和运营效率。供应商关系管理（supplier relationship management，SRM）是实现供应链整合的关键工具，它主张把供应商当作长期的合作伙伴而不是一次性的交易对象，进而建立一种依赖信任和双赢模式的新形式关系，从而共同提高创造的价值水平。在操作过程中要对供应商进行战略性管理，面对那些提供重要且稀缺物资或服务的战略伙伴，应当花更多精力建立深入合作的关系并允许它们提早参与到项目之中，参与设计上的改进以及价值工程的相关工作当中去；针对提供标准性、大批量原材料或其他物品的普通供应商，则要着重利用投标方式、谈判策略等方法去降低采购时花费的钱财，构建便捷、快速完成交易事务的处理机制，以此达成差异化管理模式的目的——使有限的控制力量集中投射到最可能创造出收益的地方去。

信息技术的应用，为深入的供应链整合以及供应商关系管理提供了很强的技术支持。创建统一的供应链协同平台之后，项目管理方就能把采购订单、需求预估、库存水平、支付信息等与核心供应商做到即时共享，供应商能够在平台上直接接收订单，反馈生产进度，预约送货时间，这样就改善了交流效率并提升了交易的透明度。在某大型商业综合体项目当中，总包方向所有的主要机电设备供应商提供了一个在线的供应商门户。供应商不仅能通过门户管理订单，也能看到其供料设备的BIM中在何处安装、何时安装，这能帮助供应商更好地安排生产与现场施工衔接的工作。

（三）智能仓储与设备集群管理

劳动力成本不断攀升，工程项目对效率的要求日益提高，传统依靠人工和经验来进行现场物资及设备管理的方式正遭遇着越来越多的挑战，智能化仓储技术的出现，给解决现场物资管理问题带来了新的思路。利用自动化立体仓库、无人搬运车（AGV）、智能分拣系统及仓储管理系统（WMS），可以做到物资从入库、存储、拣选再到出库的全过程自动化。在一个超大型的会展中心项目里，因为里面装修材料的种类很多，规格也十分繁杂，所以项目部特意创建了一个临时性的智能化仓库，所有材料在入库的时候都会有一个带二维码的“电子身份证”，系统会自动记录下它的品名、规格、供应商、入库时间等信息，并由堆垛机把它送到指定的货位上。当施工班组需要领料的时候，只要在终端上下个单，系统就会自动调度AGV把需要的材料送到指定的作业面上。

对大型施工设备的管理，由原先的单台设备独立调度，转而采用物联网和大数据分析的“机群管理”模式，给每台挖掘机、推土机、塔吊等重要设备装上GPS定位模块和各种传感器，实时收集设备的位置、工作时长、油耗、发动机状态等海量信息，把这些数据汇总到设备管理云平台之后，管理者就像获得了“千里眼”，可以对遍布在广阔工地上的所有设备实施集中监控、统一调度和预测性维修。平台会依照施工进度计划，自动产生最佳的设备调度方案，防止设备无谓地等待或闲置，通过对设备油耗和工作效率数据的分析，找出操作习惯欠佳的驾驶员并加以培训。

设备机群管理的更高级应用，就是无人化或少人化的智能施工作业。在一些大型的土方工程或者道路工程中，依靠高精度的GPS以及惯性导航技术的无人驾驶推土机，压路机集群已经开始投入应用，这些设备可以按照事先设定好的数字化施工图来进行24h不间断的、精确度非常高的自动化施工作业，其作业效率及作业质量远远不是人工能够比拟的。在港珠澳大桥的人工岛填筑工程中，正是借助于这种智能化的施工机群，才在复杂的海洋环下，成功地完成了大量且难度极高的水下抛石以及挤密砂桩之类的施工作业。这种人机协同、智能驱动的资源管理新模式，既极大改善了生产效率，又把工人从繁重且危险的工作环境中解放了出来，这是未来建筑业发展的一种必然走向。

第三节　建筑工程项目收尾管理

一、项目技术交付与竣工验收

（一）系统调试与试运行的组织

建设工程项目的收尾阶段，其标志之一就是从“建设”模式向“使用”模式转变，而系统调试（commissioning）和试运行正是这座建筑物从“建设”到“使用”

转变过程中的关键。这个过程并不是简单地把设备通上电，把管道通上水，而是一个系统性的、复杂的工程验证活动，目的是让建筑物内部所有的独立设备、子系统可以按照设计要求一起工作，成为一个完整的、可靠的有机整体。例如一栋现代智能化的建筑，它的空调系统、照明系统、安防系统、消防系统、电梯系统等，必须通过楼宇自控系统（BAS）来控制，调试工作的目的就是要验证各个系统之间的接口是否畅通、联动逻辑是否正确，在不同的模拟工况下，系统的响应是否符合设计要求。

对系统调试和试运行的组织，必须按照“先单机、后系统，先联动、后整体”的逻辑顺序来开展，要制定一份详尽的、可操作的调试大纲和计划，这个计划要清楚地表明每一项调试工作的具体安排、验收标准、参加单位、时间安排以及前置条件。一个精心设计的调试过程，可以找出并清除在设计和施工期间遗留的各种缺陷和隐患，从而防止把一个“带病”的项目交给业主。在上海中心大厦的调试过程中，仅消防系统的联动测试就有数万个信息点，测试小组模拟了上百种不同类型的火灾状况，目的就是保证在任何一种极端情形之下，排烟、加压、喷淋、报警、电梯迫降等一连串应急方案都能够被精确而可靠地触发。

对系统进行调试和试运行的过程还需要业主方运维团队的深度早期介入，使他们参与到调试的全部流程当中，可以利用他们将来实际使用的需要来验证系统功能是否完备。更重要的是，这也是一个很好的知识转移和技能培训机会，运维人员可以亲自参与，从而深入了解每个系统的设计原理、操作方法及维护要点，从而为将来顺利接手做好准备。调试的最后成果，不应只是具备功能的实体工程，而应该包含一份完整的调试报告、操作维护手册、系统运行参数记录等技术文件，这些文件是项目技术交付的重要部分，也是建筑资产数字档案的关键内容，它们的价值会一直体现在建筑今后的长期运作中。

（二）竣工资料编制与数字化移交

竣工资料是项目建设的最终成果体现，它完整而真实地呈现了工程从开工到竣工的全部面貌，是评判工程质量、开展工程结算、指导今后运营维护及改扩建工作的关键依据，一套优质的竣工资料，其价值堪比实体工程本身。传统的竣工资料管理就是大量纸质图纸、文件、报告的堆积，存在存储麻烦、查找不易、容易丢失、信息难以利用等种种弊端。进入数字化时代，竣工资料的编制与移交，正在发生从“纸质档案”到“数字资产”的深刻变革，核心在于创建起一个与实体建筑一一对应的、信息完备的竣工 BIM。

竣工 BIM 是在施工 BIM 的基础上，按照施工过程中出现的各种设计变更、现场签证、材料代换、设备安装等情况，进行精细调整和完善后得到的。它包含所有建筑构件、机电设备的准确空间位置和几何尺寸，而且每个构件和设备都承载着很多非几何信息，就像一本“数字说明书”，点一下模型里的水泵就能看到它的品牌、型号、供货商、采购合同、安装日期、调试参数、使用手册、维修保养要求等全部信息。这种“图档合一”“一点即得”的信息组织形式，改变了传统资料管理的低效率状况。

竣工资料的数字化移交，是一种标准化的、系统性的过程，项目要在一个收尾阶段，按照事先与业主方约定好的数字资产交付标准，对竣工 BIM 和相关数据库做最终的整理、核验和交付。这个交付成果，会成为业主方运维管理信息系统，比如 CAFM、CMMS 的主要数据来源，运维人员可以在 BIM 上直接开展空间管理、资产盘点、维修工单派发、能耗监控等工作。如果要对建筑进行改造，那么设计人员也能在准确的竣工模型上进行改造，免去了因为资料不准，而需要重新去现场测绘的巨额成本。可以说，高质量的数字化移交，把项目的建设价值，最大限度地转化成了资产的运营价值。

（三）竣工验收及质量责任期管理

竣工验收代表着工程建设阶段的终结，项目法人自此对工程承担起全面的管理责任，这是项目收尾管理中非常关键的一个节点，它要求由建设单位来组织设计、施工、监理等单位一同参加，按照国家有关的法律法规、技术标准以及设计文件，就工程的实体质量、功能性能以及竣工资料是否完备这些方面展开全面检查。组织工作的安排务必严密、细致，事先拟定好详尽的验收方案，弄清楚验收的范围、内容、标准和流程，所有的必要检测报告、试验记录、质量评定文件之类的支撑材料都要准备好。

竣工验收的时候，总会找出一些要整改的质量问题或者没做完的事，这些都会被列成一份“整改清单”，对这份清单的管理，成为保证项目完美收尾的最后一道防线。项目管理团队要形成一套有效的缺陷整改闭环管理流程，针对清单上的每一个问题，清楚谁来改、怎么改、什么时候改，然后严苛地跟踪和销项，直到清单上的所有问题都被妥善处理好，经过验收各方再检查认可之后，才算是具备了正式移交的条件，这个过程体现的是施工单位的责任感，也体现了项目管理团队的组织协调能力及坚韧的执行力。

工程移交不代表承包商的责任结束，根据法律规定和合同约定，承包商还要在缺陷责任期内（一般是 1 ～ 2 年），对因施工原因造成的工程缺陷进行保修。对缺陷责任期的管理，是项目收尾工作的延续。项目管理方或业主方要建立一条通畅的缺陷报告和处理渠道，当使用者在建筑投入使用后发现问题，能够及时报修。而且要对缺陷责任期的保证金或保函做好管理，这是督促承包商履行保修责任的有效保障。缺陷责任期的顺利度过，关系到业主的最后满意度，体现着项目各方恪守契约、善始善终的职业操守。

二、项目行政与财务的全面关闭

（一）工程结算与最终支付

工程结算属于项目财务关闭的关键环节，它是按照施工合同来对承包商整个项目期间所完成的全部工程价值实施最终的、全面的核定，这是决定项目总成本和解决甲乙双方债权债务关系的根本依据。结算工作非常繁杂，既需要核对合同里全部工程量的准确性，又需要对项目期间出现的所有设计变更、现场签证、材料价差、索赔及反索赔等事项逐项清理并予以认定，一份准确又公正的结算报告既是保护承包商权益的保障，又是业主控制项目总投资的关键所在，所以结算过程往往是项目收尾阶段甲、乙双方博弈最激烈的地方。

要想保证结算工作正常开展，成本管理人员就应从项目开始时做好资料搜集和过程管理工作，所有与成本有关的合同、变更单、签证单、会议记录、往来信函等，都要按照规定系统地归档，施工期间的成本数据、人工、材料、机械的实际耗费情况，也要对应 WBS 或 CBS（成本分解结构），细致核算。这样一种“过程结算”观念，就是在项目执行过程中分阶段、分部分地对已完成的部分予以结算认定，可以防止所有矛盾和争议等到项目结束时才集中爆发，通过常态化交流和认定，把大的结算难题拆解成一个个小的、好解决的问题，从而明显削减最后结算的困难。

在完成结算审核、最终结算价款确定之后，项目就进入最终支付阶段。业主方按照合同约定扣除质保金之后，要向承包商支付结算尾款。项目部也要与全部分包商、供应商、服务商开展最终结算并支付款项，处理完所有对外债务，这期间财务人员要极其严谨且条理清晰，每笔支付都要有依据，流程合法，当所有应付账款都已结清，所有应收款项（如应退还的各种保证金）都已收回，项目在财务上便实现了“账户清零”，为项目的最终关闭奠定了基础。

（二）合同关闭与保函的解除

项目是由一系列合同联系在一起的，当项目走到了尽头，这些合同也需要以正式的、系统的形式关闭。合同关闭是指合同的所有义务、责任都履行完毕的时候，在法律上确认双方的权利和债务关系终止。每一项合同无论是对总承商的、对供应商的、对咨询公司的，都要认真地看一遍，对照合同的条文，看合同规定的范围是否都完成了，交付成果是否都符合标准，钱是否都结清了，资料是否都转交了，只有当一切条件都达到并签署了一份合同关闭确认书之后才算真正完结。

合同关闭的过程中，其中的一个重要环节就是各种保函的解除和返还。在项目执行的过程中，承包商为了担保自己履约的能力、支付能力或保修的责任，往往要向业主方提交履约保函、支付保函、预付款保函、质量保函等各种各样的银行保函。当合同规定的相应义务履行完毕之后，业主方有责任及时地将这些保函原件返还给承包商，以解除其在银行的担保。比如当工程竣工验收合格后，履约保函的使命也就完成了，应当予以解除。当缺陷责任期结束时，承包商履行完全部保修义务后，质量保函也应当予以返还。对这些保函的系统性管理，及时办理这些保函的解除和返还，是项目管理者尊重契约精神、维持合作关系的一种表现。

合同关闭的最终成果，是一套完整的项目合同档案，这套档案应该包含所有合同的正本，也应当包含所有与合同履行有关的补充协议、变更单、会议纪要、来往函件、支付凭证、验收文件等。这套档案具有很高的法律价值和历史价值。一方面，如果在项目结束之后，出现任何潜在的法律纠纷或者争议，这套档案就是还原事实、界定责任的最重要依据；另一方面，这套档案也是企业宝贵的财富，通过复盘这些合同，可以总结出合同谈判的得与失，合同风险管理的经验与教训，从而为以后的新项目合同管理提供宝贵的参考。

（三）项目档案的整理与归档

项目档案是项目全生命周期活动的原始记录，是项目知识和经验的重要载体。在项目正式关闭前，需要对项目过程中产生的所有文件资料进行全面、系统的整理、鉴定、立卷和归档，它是一项专业性强、要求高的工作。归档的范围十分广泛，包括项目从立项、规划、设计、招投标、施工、监理、竣工验收等各环节形成的所有文件，如项目建议书、可行性研究报告、设计图纸、合同文件、施工组织设计、会议纪要、质量验收记录、财务凭证等，对如此海量的资料进行科学的分类和编目，是档案未来能够被有效利用的基础。

档案整理的关键要求是保证档案的完整性、准确性和系统性：完整性要求所有应当归档的文件无一遗漏；准确性要求归档的文件内容真实可信，与项目实际情形相符；系统性则要求档案的分类与组织能清楚体现项目活动的内在逻辑和有机联系。在整理期间，要成立专门的档案管理小组，按照国家和地方的城建档案管理规定，制订详细的归档计划和细则。针对数字化项目而言，档案的归档不仅是把纸质文件交出去，还要把BIM、电子文档、数据库等数字档案归在一起，而且要完成格式转换、元数据著录等工作，从而保证这些数字档案长久可读、可检索。

经过整理、立卷的档案，最后还要按规定交给城建档案馆或者业主的档案管理部门，这是法定的归档义务，这个移交过程，意味着项目建设方的历史使命结束了。这些被保存下来的档案会变成城市建设的历史记忆，变成企业的核心知识资产。等到几十年后，人们想要对这座建筑进行加固改造的时候，后人就可以翻阅当年的结构设计图，查一查隐蔽工程的记录，做出最合适的决定。当企业要培育新一代的项目经理时，那些尘封的档案，以及里面记载的成功与失败，就成了最生动、最深刻的“活教材”。

参考文献

[1] 尚恺彬 . 建筑钢结构制造安装常见的质量问题及防控措施 [J]. 建材发展导向 , 2023, 21(04):54-56.

[2] 贾金博 , 孙世和 , 庄坤 . 建筑钢结构的施工技术及质量控制探析 [J]. 中国住宅设施 , 2022(12):96-99.

[3] 张振生 , 叶少帅 , 王保光 . 大型机场建设项目工程质量评价体系研究——基于决策层总控管理视角 [J]. 建筑经济 , 2019, 40(04):50-56.

[4] 安军 . 基于红外技术的建筑物外墙质量评价研究 [D]. 青岛：中国海洋大学 , 2013.

[5] 郑海涛 . 基于 BP 算法的钢结构建筑工业化建造施工质量评价体系研究 [D]. 沈阳：沈阳建筑大学 , 2015.

[6] 李栖静 . 基于 BIM 的建筑工程施工质量可视化评价方法研究 [D]. 南京：东南大学 , 2017.

[7] 舒畅 . 论建筑工程施工质量管理标准及控制 [J]. 质量管理与监督 , 2021(03):128-129.

[8] 周瑜 . 泉州楼体倒塌引发钢结构工程质量安全思考 [C]// 钢结构技术创新与绿色施工论文集 , 2020:317-320.

[9] 戴为志 , 黄明鑫 , 庞广平 , 等 . 国家体育场 (鸟巢) 钢结构焊接工程全面质量管理 [J]. 电焊机 , 2008, 38(04):25-89.

[10] 段诚 , 孙少忠 . 我国建筑钢结构焊接技术的发展现状和发展趋势 [J]. 焊接技术 , 2012, 41(05):1-7.

[11] 谢尚勇 . 贸易展示中心项目钢结构工程安装施工技术研究 [J]. 建筑结构 , 2018, 48(S1):461-464.

[12] 贾金金 , 中平原 . 某门式刚架轻型钢结构厂房倒塌事故分析 [J]. 工程建设与设计 , 2017(23):25-27, 30.

[13] 苏欢科 , 谢红兵 . 港珠澳大桥钢结构桥梁建设综述 [J]. 中国公路学报 , 2016, 29(12):1-9.

[14] 罗丹 , 黄兴华 . 广州白云国际机场二号航站楼东指廊屋盖钢结构工程施工质量控制 [C]// 第六届全国钢结构工程技术交流会论文集 , 2016:35-39.

[15] 陈晓燕 , 程统然 . 钢结构工程施工质量事故分析 [J]. 江苏建筑 , 2019(S2):47-48, 67.

[16] 秦康 , 梁雄 , 陆征宇 , 等 . 港珠澳大桥珠海口岸工程钢结构施工技术 [J]. 施工技术 , 2017, 46(S2):440-444.

[17] 邱钧淳 , 史朝阳 , 田磊 , 等 . 高层钢结构建筑吊装施工技术的探究 [C]// 第八届全国钢结构工程技术交流会论文集 , 2020:122-124.

[18] 周观根 , 游桂棉 , 沈晓飞 , 等 . 杭州奥体网球中心开合屋盖施工关键技术 [J]. 空间结构 , 2021, 27(02):65-69.

[19] 邓念武 , 李萌 , 张翠翠 . 全站扫描技术在钢结构几何质量检测中的应用 [J]. 测绘通报 , 2018(12):153-155.

[20] 张德志 , 蒋韬 , 刘星明 , 等 . 上海世茂深坑酒店大型跨越桁架施工技术 [J]. 施工技术 , 2017, 46(07):20-24.

[21] 吴文平，蒋跃楠，蔡蕾，等．复杂环境中大型钢结构工程的施工技术分析 [J]. 空间结构，2021, 27(01):29-36.

[22] 王逸星．S 高校 G 工程项目施工质量风险管理研究 [D]. 西安：西安理工大学，2021.

[23] 毛颖．建筑业企业竞争能力评价方法及其应用研究 [D]. 长沙：湖南大学，2015.

[24] 谢世伟．建筑工程项目质量管理研究 [J]. 财经问题研究，2015(01):59-62.

[25] 乔志春，孙迎春，赵建昭．影响建设工程施工质量的关键因素研究 [J]. 煤炭工程，2015, 47(08):144-147.

[26] 乔德国．复杂环境下国际 EPC 电力工程项目管理研究 [D]. 保定：华北电力大学，2014.

[27] 岳鹏威．建筑企业对项目部门的和谐管理模式研究 [D]. 长沙：中南大学，2010.